卡瓦格博群峰　张柯／摄

缅茨姆及其植被　方震东／摄

明永冰川　方震东／摄

说拉垭口　方震东／摄

斯农村　方震东／摄

雨崩冰湖　阿那主／摄

大紫胸鹦鹉　彭建生／摄

马麝　彭建生／摄

翡翠龙蜥（雌） 王剀／摄

翡翠龙蜥（雄） 王剀／摄

猕猴　彭建生／摄

血雉澜沧江亚种　彭建生／摄

岩羊　彭建生／摄

冬虫夏草　马建忠／摄

方枝柏与云冷杉林　方震东／摄

干暖河谷灌丛植被　方震东／摄

硬叶阔叶林　马建忠／摄

红豆杉　马建忠／摄

美丽绿绒蒿　方震东／摄

西藏杓兰　马建忠／摄

疣序南星　方震东／摄

优秀红景天　方震东／摄

德钦荛花　方震东／摄

雪兔子　方震东／摄

"日卦"与佛塔　马建忠／摄

阿东村　马建忠／摄

红坡村　马建忠／摄

德钦弦子节　方震东／摄

参与式药用资源调查　马建忠/摄

保护地建设社区研讨会　马建忠/摄

参与式植物资源分布图绘制　马建忠／摄

村口的"玛呢堆"　马建忠／摄

基于生物与文化多样性的保护地建设研究

——以梅里雪山为例

云南省林业和草原科学院

马建忠 ◎ 编著

中国林业出版社
China Forestry Publishing House

内容简介

我国现代意义上的保护地建设工作始于新中国成立后的 20 世纪 50 年代。80 年代以来，我国的自然生态系统和自然遗产保护事业快速发展，取得了显著成绩。党的十九大提出了"建设以国家公园为主体的保护地体系"，这对于加强我国自然生态系统保护和推动生态文明具有十分重要的意义。梅里雪山地处横断山脉的腹地，属三江并流世界自然遗产地核心区，是云南生物多样性最丰富的地区之一，也是中国和世界温带地区生物多样性最丰富的地区之一。本书从保护地发展历程和分类、梅里雪山生物多样性保护现状及实践、梅里雪山保护地生物多样性和文化保护规划等三个方面，系统地探索了新形势下保护地建设主要途径和具体方法，以期为推动我国保护地建设健康有序发展提供科学参考。本书有两大特色：首次将生态文化要素纳入保护地规划；将IUCN 最新保护地分类体系运用于我国保护地建设实践研究。

图书在版编目（CIP）数据

基于生物与文化多样性的保护地建设研究：以梅里雪山
为例/马建忠编著 . —北京：中国林业出版社，2022.6
ISBN 978-7-5219-1663-8

Ⅰ . ①基… Ⅱ . ①马… Ⅲ . ①生物多样性-生物资源保护-
研究-德钦县 Ⅳ . ①X176

中国版本图书馆 CIP 数据核字（2022）第 082564 号

责任编辑：于晓文　　　　　　　　电话：（010）83143549

出版发行　中国林业出版社有限公司（100009　北京市西城区刘海胡同 7 号）
　　　　　　网址　http：//www.forestry.gov.cn/lycb.html
印　　刷　河北华商印刷有限公司
版　　次　2022 年 6 月第 1 版
印　　次　2022 年 6 月第 1 次印刷
开　　本　710mm×1000mm　1/16
印　　张　9.5　　彩插 14 面
字　　数　210 千字
定　　价　78.00 元

序

　　生态环境是人类赖以生存与发展的基础，保护和改善自然环境，是人类维护自身生存和发展的前提。改革开放以来，我国在经济发展方面获得了快速的增长，同时也给自然环境和生态保护带来了巨大的压力。如何以最低的环境代价确保经济持续增长，同时还能使自然资源可持续利用，已成为当代所有国家在经济、社会发展过程中所面临的一大难题。自然保护地是由各级政府依法划定或确认，对重要的自然生态系统、自然遗迹、自然景观及其所承载的自然资源、生态功能和文化价值实施长期保护的陆域或海域。自然保护地是生态建设的核心载体、中华民族的宝贵财富、美丽中国的重要象征，在维护国家生态安全中居于首要地位。习近平同志在党的十九大报告中提出：构建国土空间开发保护制度，完善主体功能区配套政策，建立以国家公园为主体的自然保护地体系。目前，从理论研究的角度来看，随着我国生态文明建设的不断发展，建立以国家公园为主体的自然保护地体系不仅是国家提出的重要任务，也是我国自然保护地未来发展的必然趋势，加强包括概念界定、分类体系构建、主导功能建设、地理空间布局等诸多理论问题的研究势在必行。从发展实践的角度来看，自1956年我国建立第一个自然保护区以来，我国已建立了多种类型且数量庞大的自然保护地，出现了不少特色鲜明的自然保护地研究与发展的实践案例。但是，其理论基础、实践结果等还需要进一步研究和提升。

　　梅里雪山地处横断山脉的腹地，属三江并流世界自然遗产地核心区，是云南生物多样性最丰富的地区之一，也是中国和世界温带地区生物多样性最丰富的地区之一。理论上，该书从保护地发展历程和分类、梅里雪山生物多样性保护现状及实践、梅里雪山保护地生物多样性和文化保护规划等方面，系统地探索新形势下保护地建设主要途径和具体方法及其研究思路和路线，丰富了自然保护地建设和研究的内容体系，可为同类研究提供借鉴参考。实践上，该书以 IUCN（世界自然保护联盟）最新保护地分类体系为指导，以梅里雪山为例，重点围绕生物与文化多样性的保护地建设、科学保护和有效利用、保护地规划框架等进行深入剖析和有益探索，将为推动梅里雪山区域自然保护地建设与科学发展提供参考。学术创新上，在深入分析梅里雪山生态文化要素现状的基础上，探索了将生态文化要素纳入保护地规划的框架和方法体系。总体而言，该书的探索与研究，不仅具有积极的理论价值，而且对于更好地推进边疆民族地区对保护地的科学保护和发展利用、切实推进"构建以国家公园为主体的自然保护地体系"建设具有重要的现实意义，也希望该书的出版能引起更多的思考和实践，进一步推动我国自然保护地建设的研究与实践。

2022 年 4 月

目 录

◀◀◀ 第一章
自然保护地概述

第一节　自然保护地及其发展历程

一、自然保护地发展历程

优美神奇的大自然景色可以陶冶情操，启发灵感。西方遗产地和自然保护思想的产生深受西方浪漫主义思潮的影响。被称为"浪漫主义之父"的法国哲学家、文学家卢梭，就首先提出"回归自然"的口号。18世纪英国思想家怀特是近代西方系统表述生态思想的第一人，其代表作、出版于1789年的《塞尔波恩的自然史》既是英美自然史学说的奠基之作，也为现代遗产地与自然保护的研究提供了最早的有代表性的观点。歌德、席勒、亨利·梭罗、约翰·缪尔、爱默生等，他们写下了大批反映和描写自然的诗歌和其他文艺作品。在这些作品中，他们思索人类与自然的关系，以写实的方式描述作者由文明世界走进自然环境那种身体和精神的体验。中国对人与自然的态度，受"天人合一"顺应天时、持续经营自然资源的观念的影响，自先秦时代至今，几千年的文明和根深蒂固的传统文化，使尊重自然、保护自然成为中华民族的生活方式和行为原则，进而追求实现人与自然的和谐相处。

工业文明以后，随着世界人口的增加和全球能源消耗量的加速，如何平衡资源的保护与利用成为人类发展的主要问题，能否解决好这个矛盾，已经关乎人类自身的生存与发展。现代保护地运动的兴起，就是人们对自身永续发展的意识觉醒。19世纪，美国的一群自然爱好者，看到加州约塞米蒂的红杉巨木遭到大肆砍伐，积极奔走呼号，终于促成林肯总统在

1864 年签署了将约塞米蒂区域划为加州州立公园的公告，成立了世界上第一座大型的自然保护公园。1870 年，美国一支探险队发现怀俄明州黄石胜景，于是给美国总统写信，1872 年美国国会通过法案设立第一座地跨怀俄明、蒙大拿、爱荷华三州的国家公园——黄石国家公园，这是世界上第一个国家公园。1890 年，约塞米蒂也由州立公园改为国家公园。

发端于美国的现代自然保护运动通过一百多年的发展，已经使全球几乎所有的国家都意识到：将天然或近天然的区域划作保护地是非常明智的做法，因为在人类社会经济快速发展的背景下，它可以使地球上的许多重要物种及其栖息地实现保护，维持自然生态过程，同时还能在一定程度上保留所保护区域的地理、风景和文化价值。在美国的影响和带动下，之后许多国家都建立了国家公园，国家公园成为全球大多数国家的保护地管理形式。据不完全统计，全世界超过 130 多个国家建立了 102000 多个保护地，面积达 1880 万平方千米，其中有 125 个国家建立了 3800 多个国家公园。目前，世界上大约 1/10 的陆地生态系统处于某种形式的保护地管理之下，可以肯定的是，保护地的建立是人类历史上最大和最快的有意识土地管理行为。随着世界各国对保护地的热情持续不断升温，2000 年后，保护地建设达到了一个新的高度。2004 年，《生物多样性公约》（CBD）根据第五届自然保护联盟世界公园大会达成了近百个有时限目标的全球具有生态代表性的保护地体系建设计划。

然而，随着人类利用自然资源能力的快速提升，加上全球化进程的不断深入推进，世界范围内生物多样性保护事业面临着更加严峻的挑战。绝大多数保护地是在 20 世纪中后期才开始确立，许多保护地尚未完全实现真正意义上的有效管理，海洋保护远远落后于陆地和内陆水域保护，世界上许多重要的野生动植物物种在保护地中仍然没有可生存的种群，而且相当一部分完全处于保护地之外……未来保护地建设的工作依旧任重道远！

二、保护地的主要类型

目前，世界自然保护联盟（IUCN）和世界保护区委员会（WCPA）所认定的自然保护地主要有六种类型，即严格的自然保护地/荒野保护地（Ⅰ）、国家公园（Ⅱ）、自然文化遗迹或地貌（Ⅲ）、栖息地/物种管理区（Ⅳ）、陆地景观/海洋景观自然保护地（Ⅴ）和自然资源可持续利用自然保护地（Ⅵ）。

严格的自然保护地/荒野保护地（Ⅰ），主要是为了科学研究和荒野地保护，分两个亚类型 Ia 与 Ib。

严格的自然保护地（Ia）指拥有突出和代表性的生态系统、地质或自然景观和物种的陆地或海域，其主要目的是科学研究。管理目标：①在无干扰的条件下，保存生境、生态系统和物种；②使遗传资源维持在动态和进化状态；③维持业已存在的生态过程；④保护结构景观特征和地质剖面；⑤为科学研究、环境监测和教育提供自然环境的样本；⑥对研究活动和其他允许活动的精心规划和实施以减少干扰；⑦限制公众进入。管理原则：①该区域面积大小应足以确保其生态系统的完整性和达到保护的管理目标；②该区域应明显避免人类直接干扰，并且能够保留原状；③生物多样性资源的保护应通过保存达到而不需要具体的经营和对生境的管理。

荒野保护地（Ib）指拥有大面积未经破坏，并保留其自然特征和影响，没有永久的或成片的聚居地的陆地和海域。其主要目的是荒野地保护。管理目标：①保证后代有机会体验、了解和享受长期以来尚未遭到人类较大干扰的地区；②长期维护该地区的自然特征和环境质量；③为公众游乐提供方便，维护该地区的荒野质量；④使当地社区人口密度保持在低水平上并与可用资源保持平衡以维持其生活方式。管理原则：①该区应无人类干扰而主要受自然力量的控制，如按建议的那样管理，将可以持续显示这些特性；②该区在科学、教育和风景名胜价值方面应具有显著的生态、地质、自然地理或其他特征；③简单、无污染的旅游方式，即非机械化利用的旅游方式；④应有足够大的面积以满足以上各点述及有关特征的保存和利用。

国家公园（Ⅱ）是指国家为了保护一个或多个典型生态系统的完整性，为生态旅游、科学研究和环境教育提供场所，而划定的需要特殊保护、管理和利用的自然区域。国家公园既不同于严格的自然保护区，也不同于一般的旅游景区。其主要目的是生态系统的保护和游憩。管理目标：①为了科学、教育、旅游等目的，保护具有国家和国际意义的自然区和风景区；②尽可能以自然状态保留具有代表性的自然地理区域、生物群落、遗传资源和物种的样本，以维持生态系统稳定性和生物多样性；③在维护该区保持自然和近自然状态水平上，可作为教育、文化和游憩目的之用；④禁止并预防与该区目的不一致的开发和侵占；⑤维持在建区时所具有的生态、地貌、宗教和美学特征；⑥把当地居民的需要，包括对生存资源的利用考虑在内，并避免对其他管理目标产生不利影响。管理原则：①该区应拥有代表性的自然区域、自然特征和风景区，并且该区内的动植物物种、生境和地貌具有特殊的科研、教育、娱乐和旅游意义；②该区大小应足以包含一个或多个完整的、实质上不被当代人侵占或开发利用所改变的生态系统。

自然文化遗迹或地貌（Ⅲ）是含有一个或多个特殊的自然或自然/文化特征并因其内在的稀有性、代表性、美学性或文化性而具有突出价值的区域。其主要目的是保护特殊自然特征。管理目标：①永久保护或保存那些特殊而显著的自然特征；②在与主要管理目标协调一致的条件下，为研究、教育、展览解说和公众欣赏提供机会；③禁止并预防与该区建立目的不一致的开发和侵占；④向居民提供与其管理目标一致的利益。管理原则：①该区应拥有一个或多个具有突出意义的特征（包括壮观的瀑布、洞穴、火山口、化石层、沙丘和海洋特征，以及有独特的典型的动植物区系，与文化特征有关的包括古人类居住的洞穴、崖顶堡、考古学原址或对当地居民具有遗产意义的自然点）；②该区的大小应足以保护该特征的完整性及其密切相关的环境。

栖息地/物种管理区（Ⅳ）指为了达到管理目的而需要积极干预，以确保生境的维持和满足特殊物种需要的陆地或海域。其主要目的是通过管理干预对生境和物种加以保护。管理目标：①保证和维护重要保护的物种、种群、生物群落或环境的自然特点所需的生境条件，为了达到最佳的管理目标需要进行专门的管理；②把科学研究和环境监测作为与资源持续管理相结合的主要内容；③开辟有限的区域开展公众教育、与生境特征相关的欣赏和野生生物管理工作；④禁止并预防与建区目的不一致的开发和侵占；⑤向生活在保护区的居民提供与其管理目标一致的利益。管理原则：①该区应在自然保护和物种生存方面发挥重要作用（繁育区、湿地、珊瑚礁、河口湾、草场、森林、产卵区）；②该区应是保护国家或地方重要的植物区系或动物区系（留居或迁徙）保持良好状态的栖息地之一；③区内生境和物种的保护应依赖管理部门的积极干预，需要时可进行生境改造（参照类型 Ia）；④该区域的面积应该根据被保护物种的要求，可从较小面积到足够大的面积。

陆地景观/海洋景观自然保护地（Ⅴ）是指通过人类与自然长期的互相作用形成的具有美学、生态和文化价值，并且常常拥有生物多样性明显特点的陆地及适当的海岸和海域。保护这一传统的互相作用的完整性对该区域的保护、维持和进化至关重要。其主要目的是陆地/海洋景观的保护和娱乐。管理目标：①通过保护陆地或海洋景观以及传统土地利用、建设实践、社会和文化表现的连续性，维持自然与文化的协调作用；②扶持与自然协调一致的生活方式和经济活动，同时扶持相关社区社会和文化的保护；③维持陆地景观、生境以及相关物种和生态系统的多样性；④必要时禁止和阻止在规模上和性质上不适宜的土地利用活动；⑤ 通过开展与保护区性质相结合的娱乐和旅游活动，提供公众欣赏该区的机会；⑥鼓励开展有助于当地居民长期增建福祉及区域环境保护发展的科学和教育活动；⑦通过提供自然产品（如森林与渔业产品）和其他效益（如清洁水源或来自持续型旅游的收入），为当地社区带来效益。管理原则：①该区应具有极为优美的陆地景观或海岸与岛屿海洋景观，并拥有相关的各类生境、动植物区系，以及独特或传统的土地利用、社会组织形式、土著风俗习惯、生活方式和信仰；②该区域应提供适当的娱乐和旅游的机会。

自然资源可持续利用自然保护地（Ⅵ）含有绝大部分未改变的自然生态系统，通过管理可确保生物多样性长期的保护和维持，同时提供持续的自然产品和满足社区需要的服务。其主要目的是自然生态系统的持续利用。管理目标：①长期保护和维持该区域内的生物多样性和其他自然价值；②促进可持续的管理实践；③保护自然资源的基础，防止对该区域生物多样性有害的其他土地利用形式；④有助于区域发展。管理原则：①该区至少有 2/3 的面积处于自然状态，尽管它也可能含有小面积被改变的生态系统，但不包括大范围的商业化种植；②该区域应足够大，以承受不会对该区域长期的自然价值造成危害的资源利用；③保护区管理机构必须设置在当地。

三、中国的自然保护区建设

中国现代保护地的建设开始于 20 世纪 50 年代，采用从苏联引进建立的自然保护区模式。该模式是在当时社会主义公有制的基础上借鉴了国家公园管理的经验形成的。自然保护区是政府依法划出一定面积予以特殊保护和管理的区域。1922 年，苏联成立之后，列宁立即签署法案，建立自然保护区，到 1933 年，苏联建立了 33 处自然保护区，面积达 270 万公顷。我国于 1956 年在全国开展了自然保护区划建工作，当时国务院根据全国人民代表大会第一届第三次会议代表提出的建立自然保护区的议案，交林业部会同中国科学院和当时的森林工业部办理。林业部于当年 10 月提交了《保护区划定草案》，提出了保护区的划定对象、划定办法和划定地区，并按照该方案先后在广东尖峰岭、鼎湖山、吉林长白山、云南西双版纳等地建立了我国第一批自然保护区，启动了我国自然保护区建设事业。

自 1956 年第一批保护区建立到 1979 年，我国的保护区事业发展一直处于停滞阶段，这是我国最艰难的年代，一些已经划定和建立的自然保护区甚至被撤销。如在西双版纳，1959 年建立的 4 个保护区之一的大勐笼保护区不复存在，到 1979 年年底的 24 年间仅建立和保存了 48 个保护区，平均每年 2 个。党的十一届三中全会召开以来，保护事业有了极大的发展，从 1980 年到 1996 年，保护区数量一直处于稳步增长阶段，平均每年增加 55 个保护区，其中 6 个国家级保护区。

自然保护区法律和法规体系建设方面，1978 年 2 月，中国科学院设立了中国人与生物圈国家委员会。1980 年，长白山、卧龙、鼎湖山 3 处自然保护区被列入国际生物圈保护区。1981 年 4 月，我国正式加入《濒危野生动植物种国际贸易公约》。1984 年 9 月，全国人民代表大会通过了《中华人民共和国森林法》。1985 年 6 月，全国人民代表大会通过了《中华人民共和国草原法》。1985 年 7 月，国务院批准发布了《森林和野生动物类型自然保护区管理办法》。1985 年 11 月，全国人民代表大会通过和批准我国参加《保护世界文化和自然遗产国际公约》。1987 年，国务院环境委员会颁发了我国在保护自然资源和自然环境方面的纲领性文件《中国自然保护纲要》。1988 年 11 月全国人民代表大会通过了《中华人民共和国野生动物保护法》。

1992 年 1 月，我国加入《关于特别是作为水禽栖息地的国际重要湿地公约》。1992 年，我国签署了《生物多样性公约》。1994 年 9 月，国务院颁布了《中华人民共和国自然保护区条例》。同年 11 月，经地质矿产部批准发布施行《地质遗迹保护管理规定》，对地质遗迹类型保护区提出建设标准和管理要求。1994 年 10 月，我国签署了《联合国防治荒漠化公约》。1995 年 5 月，国家科委批准由国家海洋局公布施行《海洋自然保护区管理办法》。

1998 年长江中上游的特大洪灾后，我国的保护区数量更呈突飞猛进的增长态势，平均每年增加 160 个保护区，其中国家级自然保护区 16 个。1997 年，国家环保总局发布了《中国自然保护区发展规划纲要（1996—2010 年）》。1998 年开始实施天然林资源保护工程，1999 年实施退耕还林（还草）工程，2000 年一年内保护区数量达到 320 个。1999 年，西部大开发战略正式提出。2000 年 7 月，国家林业局召开"加快西部地区自然保护区建设工作座谈会"。这一年西部地区成立或扩建了多个超过 5000 平方千米的大型保护区，包括新疆罗布泊野骆驼国家级自然保护区、青海三江源国家级自然保护区等。2001 年年底，全国野生动植物保护及自然保护区建设工程正式启动。2000—2003 年连续 4 年都建立国家级保护区 10 个和 10 个以上，2003 年国务院批准了 40 多个国家级保护区，是历史上最多的一年。林业部门管理的自然保护区是主体，除此以外我国还分别建立了森林公园、地质公园、海洋公园、湿地公园、遗址公园、水源保护区等各种类型的保护地，以及依附于以上保护区和森林、水域等地类景观而设的风景名胜区、国家 A 级景区等其他保护地类型。截至 2020 年，全国共有各种类型、不同级别的自然保护区 2750 个，总面积为 147.17 万平方千米。其中，自然保护区陆域面积为 142.70 万平方千米，占陆域国土面积的 14.86%。2750 个自然保护区中，国家级自然保护区有 463 个，总面积约 97.45 万平方千米。如果算上我国别的各类自然保护地 11029 处，这些面积加在一起占到陆域国土面积的 18%，提前实现了《联合国生物多样性公约》"爱知目标"要求，90% 的陆地生态系统类型、65% 的高等植物群落和 71% 的国家重点保护野生动植物种在保护地内得到有效保护。

四、我国的国家公园

在国际上，自然保护区和国家公园都是保护地的主要形式，二者有大致相同的功能，但不完全等同。在世界自然保护联盟的定义中，国家公园是指在保护区域内生态系统完整性的前提下，为民众提供精神的、科学的、教育的、娱乐的和游览的场所。国家公园是保护区的一个类别（属于类型 II），它既不是严格的自然保护区，也不是一般的旅游景区。世界各国生物多样性保护实践表明，国家公园以生态环境、自然资源保护和开展适度旅游为基本策略，通过较小范围的适度利用实现大范围的有效保护，既排除与保护目标相抵触的开发利用方式，达到了保护生态系统完整性的目的，又为公众提供了旅游、科研教育、娱乐的机会和场所。国家公园已被证明是一种能够合理处理生态环境保护与资源开发利用关系的，行之有效的实现双赢的保护和管理模式。尤其是在生态环境保护和自然资源利用矛盾尖锐的亚洲和非洲地区，通过这种保护与发展有机结合的模式，不仅有力地促进了生态环境和生物多样性的保护，同时也极大地带动了地方旅游业和经济社会的发展，做到了资源的可持续利用。

为完善我国保护区体系，建立既与国际接轨又符合我国国情的保护地模式，云南省从 1996 年开始进行国家公园建设的探索。1999 年，由云南省发展与改革委员会牵头，大自然保护协会（The Nature Conservancy，简称 TNC）联合中国科学院昆明植物研究所、云南大学、云南林业科学院、云南社会科学院、中国科学院动物研究所等科研院所和机构，启动了"大河流域生物多样保护项目"。通过 2001—2005 年基础调研，在对外学习考察、经验交流的基础上，2006 年云南省政府正式提出开展国家公园试点的战略部署，并将"探索建立国家公园新型生态保护模式"列入《云南省"十一五"发展规划》。2007—2009 年，在国家环境部与欧洲联盟"中-欧生物多样性保护"项目的支持下，正式开展香格里拉普达措、德钦梅里雪山、丽江老君山三地国家公园建设试点。该项目由云南省政策研究室与大自然保护协会中国部联合当地相关部门共同实施，内容包括省级和地方层面的法规体系建设、保护机构能力建设及社区可持续生计等三个方面。迪庆藏族自治州（简称迪庆州）与丽江市出台相关文件，正式组建了三个区域的国家公园管理机构。2008 年云南省国家公园管理办公室成立，并建立国家公园专家委员会。出台的相关规程及规范包括《云南省国家公园资源调查与评价技术规程》《云南省国家公园总体规划技术规程》《云南省国家公园建设规范》等。2015 年 11 月云南省人大通过《云南省国家公园管理条例》，截至 2016 年，云南在全省范围内通过了建立 13 个国家公园的规划，分别是迪庆普达措、白马雪山、梅里雪山、丽江老君山、西双版纳热带雨林、普洱太阳河、保山高黎贡山、临沧南滚河、红河大围山、昭通大山包、楚雄哀牢山、独龙江、怒江大峡谷。

云南的探索，为我国开展国家公园建设积累了宝贵经验，并引起了国家层面相关部门的高度重视。2008 年，国家林业局批准云南省为国家公园建设试点省，并最终促成国家公园建设在我国全面开展。党的十八届三中全会《中共中央关于全面深化改革若干重大问题的决定》明确提出，要坚定不移地实施主体功能区制度，建立国土空间开发保护制度，严格按照主体功能区定位，推动发展建立国家公园体制。这是我国在生态文明制度建设方面的重大举措，标志着国家公园建设已上升为国家战略。目前，我国正针对国土自然资源的保护利用和自然保护地体系的建立进行更加深入的实践与理论探索。习近平总书记在党的十九大报告中提出建立以国家公园为主体的自然保护地体系的要求，指出了建立国家层级的统一规划和核心主体在新一轮行动中的必要性。2021 年 10 月，在昆明召开的《生物多样性公约》第十五次缔约方大会上，我国正式宣布设立三江源、大熊猫、东北虎豹、海南热带雨林、武夷山等第一批国家公园。

第二节　文化与自然保护地

一、人类活动、文化与自然

环境变化是人类历史发展不可避免的结果，人类活动在一定程度上改变了大部分陆地生物圈的生态系统，从而导致了全球生物多样性、生物化学、地貌过程和气候的重大变化。古生态和生物考古证据表明，随着时间的推移，人类对环境的影响越来越大，并在近现代以来，呈加速趋势。从史前人类的集体狩猎采集、各种规模的野外用火，到现代各种大型工程项目，人类活动一直是并将继续是环境改变的重要因素之一。在漫长的人类历史中，某个区域或地方其自然状态的环境若存在明显变化，通常被认为是文化发生的主要标志。地理学家卡尔·苏厄甚至指出，人类社会的繁荣是通过干扰自然秩序获得的。特别是 10000 多年前农业文明开始后，人类影响环境的能力和规模空前提高，刀耕火种成为世界上许多陆地生态系统顶级森林群落、草原，以及其他土地类型退化的主要原因之一。

与人类影响环境的能力一样，将人类活动对环境的干扰进行一定程度的控制和管理也是人类文明的重要标志。数千年来，许多工业化前的传统社区和部落沿袭着对某些重要生态区域和物种，通过各种社会机制、文化习俗使其免于人类活动的干扰的传统。这些机制深深植根于他们的宇宙观及世界观之中，并表现为部落图腾、社区禁忌、神山崇拜等各种社会文化形为。对澳大利亚和北美的土著居民的相关研究表明，图腾崇拜除了宗教原因，还有保护某些重要物种及其栖息地的更实际性目的。一些猛禽物种在许多土著社会中还扮演着重要的文化角色，这很可能是由于它们是顶级掠食者，体型庞大，相貌华丽，如美国土著部落的图腾北美秃鹰以及澳大利亚土著社区的图腾白腹海鹰。在世界各地，特别是一些仍然保持传统生产方式的社区，还存在着前工业化社会的传统保护体系。随着全球性工业化的推进，环保运动在英国和美国兴起，最后蔓延到整个西方世界，国家公园等各类自然保护地的建立成为现代文明的标志。

二、文化遗产与保护地

(一) 文化遗产

文化代表一种观念上的统一，是一整套与特定社会或社群相关联的共同意义和价值的表现形式。它表明了将一种秩序置于社会的统一性，并用这种统一性构建人类的思想和行为。英国人类学家 E·D·泰勒就在《原始文化》中认为："文化是一个复杂的整体，它包括人类作为社会成员所获得的知识、信仰、艺术、道德、法律、风俗以及其他任何能力和习惯。"如同"文化"概念，"遗产"一词也有多重层次的涵义。字面上的"遗产"是将财产传给下一代，后来逐渐涉及记忆、反思和文化的传播。由于遗产是为后代保存的东西，其参考系既是过去也是未来。认识到国家身份认同的重要性，文化遗产的概念出现于第二次世界大战后。联合国教科文组织（UNESCO）和国际古迹和遗址理事会（ICOMOS）一直在积极推动全球文化遗产事业的开展。基于人类改造自然景观的悠久历史，1992 年，UNESCO将其概念扩大到文化景观，并于 2003 年特别将非物质文化遗产纳入其中。文化景观和非物质遗产纳入文化遗产的概念，对保护区的管理方式产生了重大影响。由于世界上许多遗产地正好位于自然保护区，文化遗产不再是一段不相关的过去记忆，相反，它与当代社会联系在一起。对当代而言，如果这些遗产能得到充分保护与管理，随着对这些遗产价值认识的增加，可极大地促进当地人的自豪感和认同感，从而增加了他们主动参与保护地建设的可能性。

文化遗产可分为物质文化遗产与非物质文化遗产。物质文化遗产又称有形遗产，包括古迹、建筑群、遗址。①古迹：从历史、艺术或科学角度看具有突出的普遍价值的建筑物、碑雕和碑画，具有考古性质的成分或构造物、铭文、窟洞以及景观的联合体；②建筑群：从历史、艺术或科学角度看，在建筑式样、分布均匀或与环境景色结合方面具有突出的普遍价值的单立或连接的建筑群；③遗址：从历史、审美、人种学或人类学角度看具有突出的普遍价值的人类工程、自然景观，或自然与人的联合工程及区域。非物质文化遗产或称无形遗产是被各社区群体视为其文化遗产组成部分的各种社会实践、观念表达、表现形式、知识、技能及相关的工具、实物、手工艺品和文化场所。这种非物质文化遗产世代相传，在各社区和群体适应周围环境以及与自然和历史的互动中，被不断地再创造，为这些社区和人群提供持续的认同感，从而增强人们对文化多样性和创造力的尊重。主要包括：①传统口头文学以及作为其载体的语言；②传统知识，包括医药和历法；③传统礼仪、节庆等民俗；④传统美术、书法、音乐、舞蹈、戏剧、曲艺和杂技；⑤传统体育和游艺；⑥其他属于非物质文化遗产组成部分的实物和场所。

（二）与自然环境相关的文化遗产

1. 自然圣境

自然圣境（sacred natural sites，简称 SNS），是 20 世纪 90 年代兴起的

一个全新自然保护名词，是文化景观的重要形式，泛指由原住民族和当地人公认的具有精神和信仰文化意义的自然地域。自然圣境把自然系统和人类文化信仰系统融合到一起，对自然景观赋予了特定的文化含义。自然圣境有四个基本特点：①充分体现了文化与环境的有机结合；②在信仰的基础上，对自然环境进行空间划分，并对同一空间赋予文化的意义；③对不同空间的自然资源，采取不同的利用方式；④以信仰、道德和乡规民约作为主要管理手段。自然圣境有多样形式，如圣林、圣山、圣河或圣湖、宗教寺庙林和寺院林、传统水源林等。自然圣境可以小到一棵树或一块岩石，但很多时候，其范围往往延展到整个山脉或流域。在某一些情况下，一个自然景观被社会群体视为圣地，而圣地又有更加神圣的区域或中心区。目前，全球范围内的自然圣境数量尚无权威的数据统计。据估计，仅在印度就有15万~20万个大小不等的"圣林"分布，加纳的"圣林"估计数为1900多个，蒙古国估计有超过800个自然圣境，有人估计全球自然圣境超过25万处。就土地面积而言，由传统社区拥有或管理的森林面积达4亿~8亿公顷，其中近20%通过自然圣境形式得到管理和保护。

许多自然圣境承载着特定群体的历史、文化、休闲等世俗价值。对于一个部落、一种宗教信仰甚至是一个民族来说，自然圣境通常也是文化认同的重要场所。在许多传统部落或社区中，自然圣境发挥着类似现代保护区的功能。借助信仰、民间习俗和乡规民约，这些自然圣境有效地实现了减少或限制人为扰动的目标，因此许多圣境仍然处于自然或接近自然的状态。即使在较长的一段时间，这些自然圣境依然呈现出丰富的生物多样性。在一些人为影响较大且呈半自然状态的自然圣境，尽管人为活动频繁，但独特有效的管理方式，仍使这些区域生物多样性得以高度保存。现代保护地的出现是人类历史非常近期的事件，在不断变迁的环境中，许多自然圣境之所以保持存在，得益于它们所深深植根的当地的文化价值观和信仰体系。这些圣境往往是各种稀有或濒危物种的栖息地和避难所。如果认识不到人类文化如何影响并在某些情况下塑造了自然生态系统，就无法实现有效的保护和管理。许多看似完全自然状态的生态系统，实际上却有着基于当地传统文化和社会制度的复杂管理设计。近年来，越来越多的人已经开始认识到生物多样性和文化多样性往往相互依存、相互促进。文化多样性和生物多样性评价已成为衡量一个区域社会和生态系统健康程度的重要内容。在全球环境与社会剧烈变迁的背景下，自然圣境因其保存文化和保护自然的双重特性突显出更加重要的意义。

自然圣境可能处于现代自然保护地（保护区）范围内，也可能处于保护区范围以外。在一些传统部族生活的区域，现代意义的自然保护区所处的范围可能仅仅是当地文化意义上整体自然圣境的局部范围。而另一些区域，自然保护地所覆盖的范围超过了当地社区、传统民族以及主流信仰的传统使用地区。因此，在这个意义上，对相关管理部门而言，自然圣境在识别、保护和具体管理方面都面临着诸多挑战。在世界各国建立各类自然保护地的进程中，由于早期对自然圣境文化价值及传统用途重要性的认识不足，导致出现了许多管理失败的案例。这些失败的案例，往往基于管理设计者与当地社区不一致甚至相反的世界观，从而导致相互冲突与不信任，并在推动原住民、当地社区、宗教团体和保护机构之间建设性合作关系时造成障碍。自然保护地建立的核心目标是保护有价值的景观、野生动物和生物多样性。在自然保护区建立的早期几乎无一例外都是基于西方现代科学为基础的知识体系，这种体系往往忽视甚至对当地传统知识持有歧视的态度，更过激的做法是对原住民进行整体驱逐，搬离原有的家乡。近年来，随着人们对传统保护地作用认识的加深，越来越多的国际保护组织和政府通过采取一系列行之有效的措施，使自然圣境在保护工作中的地位和作用得到了极大程度的加强。

2. 社会性自然空间

自然圣境往往利用特定的个人或群体，通过仪式化的行为实现相关知识的传承或传播，而社会性自然空间尽管与圣境界限模糊，却不仅仅局限于宗教，它对某个特定社区、区域甚至对一个国家都具有集体意义。它是一种由于历史或宗教原因，或是与该自然空间及其自然特征相关的特定事件所产生的一种特殊的集体情感联系。世界各地的人们从心理或生理方面创造了他们的社会性自然空间，他们既有上千年定居史的原住民社区和少数民族群体，又有其他一些特定的社会群体。无论是自然保护地整体还是保护地内自然环境的各组成要素，自然保护地本身就可以看成是一种特殊的社会性自然空间。从一定意义上看，现代的自然保护地连同其基于现代科学确定的空间位置、规模、管理制度都是当代社会文化的组成部分。自然保护地体系的建立既是人类对自然环境影响持续增加的政治性回应，同时也人类社会对自然环境情感联系的一种直观表现。

社会性自然空间具有以下属性：在时间上，将过去与现在通过传统、记忆、传说等信息传递形式联系；在认同上，可以是群体身份或自我意识的参照系；在社会规范上，作为社区群体聚集的重要场所，它能为相应群体提供更深层次的精神联系，并塑造社区行为和态度规范，如传统社区活动场所、传统资源利用地。在保护地管理中，了解相关社群与特定自然空间的社会联系是实现有效管理的前提和基础，特别是在涉及自然资源使用和管理方面。举例来说，当生活在保护区范围的人们再也不能在他们世代息居的草场自由放牧，或在传统山林伐木采薪时，保护地规划时对这些区域的冲突管理就显得尤为重要。

3. 动植物的文化意义

人类在其历史发展过程中与地球上形形色色的植物和动物产生了千丝万缕的联系，在这个意义上，所有的这些植物和动物都具有了文化意义。许多植物和动物及其遗传特征对世界各地不同民族具有特殊的文化意义，表现在传统医学、宗教、社会习俗仪式等方面。人类与动植物密切的精神联系在以"万物有灵"为核心的原始宗教中非常普遍。作为世界各地许多原住民独特世界观的具体体现，许多动物和植物甚至将人类精神世界与自然世界联系起来。

文化人类学将与某个民族或族群的文化价值观有深刻联系的物种称为文化物种。在一些文化中，某些动物，如印度教中的牛，有着非常神圣的地位，因而人们从不食用。而对美拉尼西亚人和肯尼亚马赛人而言，猪和牛则兼具仪式和食用功能。生长于太平洋岛屿上的山药，既是该区域广大居民最为重要的粮食作物之一，同时还具有重要的文化象征意义。山药被广泛用于当地的宗教仪式，一些品种甚至被认为具有神奇的特性。因此，从自然保护区管理的角度而言，对有村庄分布的区域，保护区管理应在保护农业生物多样性方面发挥积极主动的作用，一些行之有效的措施可以促进具有文化意义动物和植物的保护。

4. 自然的审美价值

自然之美可以满足人类感官特别是视觉感官的审美需求，为国民提供美丽风景和身心愉悦的体验是促使早期的国家公园建立的又一主要原因，如19世纪中期约塞米蒂国家公园的建立。提供高品质的美学质量是许多著名保护区(遗产地)管理的主要目标之一。认识到人类审美需求与景观属性之间的密切关系，1972年《世界遗产公约》对"自然遗产"的定义专门增加了以下描述：在美学或科学的角度具有突出价值的自然物和自然区域。在目前的《世界遗产公约操作指南》中，自然遗产标准(Ⅶ)将一个自然物或区域的审美价值作了具体规定。世界自然保护联盟最近对《世界遗产名录标准(Ⅶ)》的申请进行了回顾，指出目前有133处遗产根据《世界遗产标准(Ⅶ)》被列入了世界遗产名录，其中大部分位于自然保护区内。

(三)文化自然景观

自然与文化的二元分离是西方思维的一个鲜明特征，然而这种分离却不是世界许多其他文化对世界的认知方式。中国的文化传统中的自然观强调"天人合一"。这里的"天"就是自然，"人"就是人类社会与人类文化，自然与人类文化是统一的整体，两者相互交融，息息相生。而对世界各地的大部分原住民社区而言，一片特定的土地，不仅可能涉及个人和群体的归属与文化认同，同时又可能是赖以生存的物质来源保证。文化自然景观(cultural landscape)概念的出现及运用，就是当代保护领域试图消除"自然–文化"二元对立的一种努力。文化景观的概念出现于19世纪末的地理学领域，联合国教科文组织将其定义为自然和人类文化的结合体，与生活在自然景观中的人们、社会制度与习俗密切相关。一个特定的文化自然景观，能清楚地代表或反映长期以来人们对自然景观相关的资源的使用模式，以及他们的文化价值、社会规范和对自然环境的态度。因此，文化自然景观概念强调历史的景观尺度以及人与特定区域(或地方)之间的联系，并认识到当前的自然景观是人与环境长期复杂作用的产物。

文化自然景观的概念强调特定地理区域、生物物理过程和人类活动的共同作用和进化。从某种意义而言，整个地球就是一个巨型的文化自然景观，人类历史结合地球漫长的生物物理进程，从而形成了当今人类所居住星球的多姿多彩。在实践中，文化自然景观的理念被应用到世界各地重要的遗产的识别、评估、管理中。目前，世界遗产名录中，全球 82 处遗产属于文化自然景观。新西兰汤加里罗国家公园是全球第一个被列入世界遗产名录的文化自然景观。在美国，具有国家重要性的大型区域景观往往被指定为国家遗产区。

文化自然景观概念的提出，促进了自然与文化、物质遗产和非物质遗产、生物多样性和文化多样性的整合。为了最大限度地实现这种整合，在保护地的管理过程中，受过现代生物、环境等学科传统训练的保护区工作人员与受过人文社会学科训练的人员，有必要打破学科界限，协同工作，促进文化自然景观的保护与建设。通过将文化和自然看作同一维度范围内相互关联的视角，大大拓宽了自然和文化遗产保护的广度，从而为保护区生物多样性保护提供了新的思路和方法。基于文化自然景观的保护地管理方法，其重点是需要不断地将人们的故事、记忆和愿望融入管理过程中。需要认识到自然景观的文化价值与生活经验密不可分，认识到过去与现在的个人及社区的身份认同和联系，认识到这些人文因素与生态、水文和地质多样性等自然因素相联系。有效的管理方案需要考虑人们赋予保护地内自然景观的精神价值和文化象征意义。保护区管理者需要在了解这些价值和意义的基础上，深入分析保护工作如何获得当地社区的理解和长期支持。

三、自然保护领域内文化因素主流化

世界自然保护联盟早在 1998 年成立了保护区文化和精神价值专家组（CSVPA），并积极推动了将自然的文化和精神意义纳入保护地管理与治理中的各项工作。2003 年，在南非德班举行的 IUCN 第五届世界公园大会上，CSVPA 提议将文化和精神价值纳入自然保护区的战略、规划和管理中，并提供了具体咨询意见。该提议呼吁相关机构和自然保护工作者，像对待生物多样性保护一样，"关注保护区文化和精神价值的各个方面"，并将"文化和精神价值"的相关内容分专门章节纳入"IUCN 保护区最佳实践指南（Best Practice Guidelines）丛书"。IUCN 2004 第 3.020 号决议重申了该组织致力于"基于尊重生活方式多样性和民族文化多样性的自然保护伦理观"。

为了进一步回应德班会议期间与会者要求，CSVPA 编辑了《公园的价值：从经济价值到非物质文化》，并在一段时间内将活动重点转移到自然圣境关注和保护。在此背景下，CSVPA主导了提洛岛倡议和自然圣境议题，产生了一系列有重要意义的 IUCN 决议，促成了《IUCN 自然圣境最佳实践指南》《保护区治理中自然的文化与精神意义》等书籍的编辑和出版。2016 年，世界自然保护大会首次专门就文化和自然保护的关系进行了探讨，并通过了第 5.033 号决议，明确强调精神、宗教和文化在全球自然保护事业中发挥的重要作用。

第三节　其他有效的区域保护措施

一、OECMs 的产生

在 2021 年 10 月结束的联合国《生物多样性公约》第十五次缔约方大会（COP15）第一阶段高级别会议正式通过《昆明宣言》，承诺确保制定、通过和实施一个有效的"2020 年后全球生物多样性框架"，以扭转当前生物多样性丧失趋势，并确保最迟在 2030 年使生物多样性走上恢复之路，进而全面实现"人与自然和谐共生"的 2050 年愿景。作为就地保护措施的重要手段之一，"其他有效的基于区域的保护措施"（other effective area-based conservation measures，简称 OECMs）被认为是能够大幅度增加陆地和海洋受保护面积，实现 2030 年目标和 2050 年愿景的新型保护工具。

早在 2010 年《生物多样性公约》第十次缔约方大会（COP10）上，通过了《2011—2020 年生物多样性战略计划》及"爱知生物多样性目标"（简称"爱知目标"）。其中，"爱知目标"11 项要求指出："到 2020 年，至少有 17% 的陆地和内陆水域以及 10% 的沿海和海洋区域，尤其是对于生物多样性和生态系统服务具有特殊重要性的区域，通过有效而公平管理的、生态上有代表性和相连性好的保护区系统和其他有效的区域保护措施得到保护。""爱知目标"11 项要求呼吁各国共同努力，通过现有保护地系统（protected areas，简称 PAs）的良好连接和 OECMs，实现陆地和海洋区域的全球目标（分别为 17% 和 10%）。《生物多样性公约》明确设想了保护地以外的区域对总体目标的直接或间接贡献。这标志着 OECMs 首次正式出现在与保

护相关的国际规范及要求中。在接下来的几年中，生物多样性公约论坛和
IUCN 等机构组织了一系列其他国际性会议讨论如何在实践中应用好这个
新术语。2015 年，世界保护地委员会(WCPA)专门为 IUCN 成员和《生物多
样性公约》缔约方成立了 OECMs 工作组，并在之后，规定了 OECMs 的定
义和应用指南。

1950—2010 年，全球自然保护地的建立经历了两个不同的发展阶段，
而 1980 年是一个分水岭。1950—1980 年，自然保护地面积增长最快的是
国家公园(IUCN 第Ⅱ类)，从 70 万平方千米增长到 279 万平方千米。到
1980 年，第Ⅰ~Ⅲ类保护地占全球保护地数据库所记录保护地总面积的
44.4%，其中，国家公园占 32%，第Ⅰ类和第Ⅲ类地区占 12.4%。然而从
1980—2010 年，尽管保护地面积的总量有了快速的增长，但国家公园在全
球保护地所占的比例急剧下降，到 2010 年，国家公园比例下降到 20%。
相比之下，在同一时期，包括大量多用途保护地在内的可持续利用自然资
源的保护地(第Ⅵ类)占全球总面积的比例从 9.5%扩大到 23.6%。第Ⅵ
类保护地超过了国家公园，成为面积最大的单一自然保护地类型。

近年来，共同管理(如"社区共管")与其他多种治理形式也呈增长的趋
势。自 20 世纪 90 年代以来，政府和当地社区对自然保护地的共同管理(如
通过参与式森林管理)在世界各地发展迅速，全球共同管理的保护地从
1990 年的 6334 平方千米增加到 2010 年的 1606 万平方千米。全球自然保
护地的格局正不断发生着演变，第Ⅵ类自然资源可持续利用型的保护地，
以及由社区共享或由原住民和当地社区管理的保护地(ICCAs)发挥着越来
越重要的作用。原住民生活的范围约占发展中国家陆地面积的 22%，且与
大部分生物多样性丰富的地区重合，由原住民或传统社区拥有或管理的森
林面积约为 500 万平方千米。在过去十多年中，随着分权化治理的推进，
这一数字还在稳步增长。

二、OECMs 的判断标准

按照 2018 年联合国《生物多样性公约》第十四次缔约方会议最新定义，
OECMs 是正式自然保护地外特别划定的、有足够规模的地理区域，其治理
和管理方式能在生物多样性就地保护、相关的生态系统功能和服务，以及

某些条件下的文化、精神、社会经济和其他与当地相关的价值方面，实现积极、可持续、长期的保护效果。根据该定义，WCPA认为确定一个地理区域是否为OECMs，判断标准主要有4条：

（一）标准一：该区域目前尚未被认定为保护区

不是官方已正式承认的自然保护地。OECMs可以为陆地、淡水或海洋保护的区域性目标作出贡献。已经被指定为正式保护地（PAs）或位于正式保护地范围内的区域不能报告为OECMs。尽管PAs和OECMs是两个完全不同的概念，两者都具有生物多样性保护的价值。而一定条件下，如果自然保护成为该区域的主要管理目标，或者该区域的管理者认为已具备建立正式保护地的条件，这类OECMs则可转化为PAs。

（二）标准二：被治理和管理的区域

（1）划定的地理区域。划定的地理范围是指具有商定和标定边界的地理区域，可以包括陆地、内陆水域、海洋和沿海区域。在一些特殊情况下，地理边界可以由随时间变动的物理特征来确定，如河岸、高水位标志或海水范围。虽然各种OECMs的大小规模可能有所不同，但必须足以实现生物多样性的长期就地保护，包括其范围内所有重要的生态系统、生境和物种群落的保护。"足够的规模"与实现OECMs范围内物种和生态系统持久性保护高度相关。

（2）治理。治理意味着该区域处于一个特定实体或协定实体组的治理之下。OECMs可以在与PAs相同的4种治理类型范围内进行。这4类治理类型分别为：①政府治理（各级政府）；②由个人、组织或公司进行治理；③由原住民和/或地方社区进行治理；④共享治理（由不同的权利持有人和利益相关者共同治理）。

与PAs一样，OECMs的治理应以公平为原则，并体现相关国家、区域和国际社会广泛承认的权益，其中包括性别平等和原住民权益。该治理机制应能有效地维护OCEMs的生物多样性。值得指出的是，由原住民和/或当地社区治理的OECMs的正式承认或报告，需要在宽松自由，并事先知情和同意的前提下，由这些族群（社区）自行决定。

（3）管理。管理指的是该区域的管理方式能够产生积极、持续的长期生物多样性保护效果。应确定相关主管部门、权利持有者和利益相关者，并使之参与管理。与 PAs 不同，OECMs 不需要将"保护"列为其核心目标，但该区域的总体目标和管理必须与长期的生物多样性就地保护效果之间有直接的因果关系。

为实现生物多样性长期保护，OECMs 的管理应具备相应的适应能力，并能有效地应对各种威胁。无论是通过法律措施还是其他措施（如习惯法或与土地所有者的约束性协议），OECMs 的管理包括控制可能影响生物多样性活动的各种有效手段。在尽可能的范围内，应将管理措施整合到该OECMs 和周边区域。值得指出的是，一个没有管理制度的区域，即使它的生物多样性可能保持完整，仍然不是 OECMs。

(三)标准三：为生物多样性就地保护作出持续有效的贡献

(1)生物多样性的保护效果。OECMs 应能有效地提供生物多样性的长期就地保护。具体来说，管理和生物多样性成效之间应该有明确的因果关系，并有相应机制应对现有或预期的威胁。OECMs 内不能有破坏环境的工业活动和基础设施建设。破坏环境的工业活动包括渔业和林业的工业化生产、采矿、石油和天然气开采、工业化农业以及破坏环境的基础设施建设等。避免这些活动的原则，既适用于 OECMs 范围内的环境破坏活动，也适用于 OECMs 范围外但对其有影响的各种活动。

(2)长期、持续。OECMs 的治理和管理是为了实现生物多样性长期有效的就地保护。短期或临时管理策略不构成 OECMs。根据联合国《生物多样性公约》关于"就地保护"和"生物多样性"的定义，严格保护或某些形式的可持续管理可能产生有效的保护成果。然而，大多数为工业生产而管理的区域，即使它们具有一些生物多样性优势，也不应被视为 OECMs。如果季节性措施是长期整体管理制度的一部分，从而保证了全年生物多样性就地保护，那么采取一系列管理办法的重要区域，包括季节性管理措施（例如为候鸟迁徙进行管理的区域），也符合 OECMs 要求。一些持续更新的短期管理措施，事实上可能实现长期保护的效果。

(3)生物多样性的就地保护。根据联合国《生物多样性公约》，就地保护主要实现生态系统和自然生境保护，维持和恢复物种在其自然环境中的可生存种群。OECMs 应该产生与 PAs 同等重要的生物多样性成效。包括对生态系统代表性的贡献，OECMs 不仅仅是针对生物多样性的某个或某些部分的保护，而且是对整体自然环境的保护。根据《生物多样性公约》对"生物多样性"和"就地保护"的定义，单个物种只能作为与其他物种和非生物整体环境一部分的就地存在，对单一物种或部分生物多样性的保护措施不应损害更广泛的生态系统。

（4）生物多样性。OECMs 必须实现有效和持续的生物多样性就地保护。随着国家、区域及地方各个层面情况的不同，识别与确定重要生物多样性要素的方法有所不同，OECMs 所保护的生物多样性既有可能分布于政府管辖范围内，也有可能分布于其管辖范围之外。以现有信息及方法为基础的生物多样性评估是确定一个区域是否属于 OECMs 的一个重要途径。OECMs 生物多样性价值应该随着时间的推移实现动态监测。

（四）标准四：相关的生态系统功能和服务以及文化、精神、社会经济和其他与当地相关的价值

（1）生态系统功能和服务。健康并运转良好的生态系统能提供一系列生态服务。生态系统服务包括供应服务，如食物和水；调节服务，如调节洪水、干旱、土地退化和疾病；支持服务，如土壤形成和养分循环等。能对生态系统的上述功能和服务提供正向促进是认可 OECMs 的另一主要因素。需要注意的是，加强某一特定生态系统服务的管理措施，不能对该 OECMs 的整体生物多样性保护产生负面影响。

（2）文化、精神、社会经济和其他与当地相关的价值。OECMs 范围内关键物种和栖息地的保护及生物多样性管理可能本身就是文化、精神、社会经济和其他与当地相关的价值的一部分。在这种情况下，必须承认和维护生物多样性与文化多样性之间的联系，以及当地相关的治理和管理实践，从而产生积极的生物多样性保护成效。同样，对 OECMs 范围内文化、精神、社会经济或其他与当地有关的价值的管理，不应造成对生物多样性价值负面的影响。

三、传统保护地与 OECMs

全球范围内越来越多的研究表明，在某些特定的区域范围内，由原住民和当地社区管理的土地，可以在防止毁林、保持森林健康、促进生态系统的联系，以及保护生物多样性和自然资源方面发挥着重要的作用，有时甚至比正式的保护地发挥的作用更加积极明显。因此，在全球生物多样性呈不断下降趋势的背景下，科学地认识传统保护地的作用，并将其纳入主流保护地管理的范围内变得更加重要。然而，市场经济、现代教育形式，以及语言、媒体和主流宗教的影响，在"发展"的语境下产业化的农业、矿产业及大规模的基础设施建设，加上单一依赖 PAs 的生物多样性保护措施使这些传统保护地及其管理体系面临巨大的挑战。

尊重和支持原住民及当地社区基于可持续理念的传统资源管理方式，在一定程度上也是对他们在维持生态系统功能的完整性和保护生物多样性所作贡献的支持和承认。为此，原住民和地方社区的这些传统实践和制度，在一些相关的国际规范和国家政策中得到越来越多的关注。在国际层面，原住民和地方社区对生物多样性保护、可持续资源利用和传统知识方面的贡献，在《生物多样性公约》里取得了认可，并在第 8(j) 条和第 10(c) 条中得到了体现。在 IUCN 通过的 4 种保护地治理类型中，单独列出"由原著地和当地社区进行管理"的类型。在国家层面，澳大利亚于 1997 年启动了"土著保护区(IPAs)计划"。到目前为止，澳大利亚已有 78 个 IPAs，占澳大利亚保护区总面积的 46% 以上，其中 60% 以上 IPAs 由澳大利亚政府资助的土著护林员联盟所管理。在菲律宾，祖辈领地和原住民保护也得到了全国保护区系统的正式承认和资金支持。在尼泊尔，国家森林管理政策的缺陷使社区自然资源管理重新焕发活力。印度的《林权法》承认并赋予"社区森林资源"安全性社区权属。

尽管取得了这些进展，但传统保护地在许多国家仍然与政府管理的保护地之间存在着一些管理上的差距甚至冲突。一些国家要么还没在法律层面正式承认传统保护地，要么其保护地管理框架与国际规范还存在一定的差距。主要原因是这些国家在制定保护地相关政策时，采用单纯的生物多样性保护的视角，忽视或低估了原住民和当地社区与他们所生存环境之间的长期以来复杂而紧密的联系。目前，许多国家的原有保护地建设框架正在进行改革，以缩小与国际规范的差距。作为在国际和国家一级运作的技术导则和制度框架，OECMs 的出现有可能加速这一令人鼓舞的进程。首先，OECMs 可以为不符合严格自然保护地定义，或被当地人不希望作为自然保护地进行管理的传统保护地提供另一种意义的官方认可。其次，在实际操作中如果精心设计并充满智慧，OECMs 有可能缓解原住民和当地社区在自然资源管理等方面的传统知识与现代科学之间的二元对立。

第二章

梅里雪山概况

在云南省与西藏自治区交界处，在怒江与澜沧江大峡谷之间，横亘着一组由北向南的雪峰群，犹如一条盘踞的巨型苍龙，又像一条串起生命的白色哈达。它有二十多座终年冰雪覆盖的雪峰，发育有近百条现代低纬度海洋山谷冰川和悬冰川。这座庞大的雪峰群就是梅里雪山。梅里雪山在地理上属怒山山脉的北段，该山脉是金沙江和怒江的分水岭，与澜沧江对面的云岭山脉遥遥相对。山体西部的怒江、东部的澜沧江和云岭东面的金沙江均与山势平行，由北往南奔流，形成高山峡谷纵向并列的奇观。梅里雪山位于升平镇西部，东面是德钦县云岭乡、佛山区溜筒江乡，西面是西藏自治区的左贡县、察隅县，北连佛山乡，南延伸至燕门乡的北部。范围在北纬28°16′~28°53′、东经98°30′~98°52′，山脊纵长30千米，横宽36千米。以主峰卡瓦格博为核心，耸立着众多的雪山群峰。沿山脊有海拔6000米以上的山峰11座，5500~6000米的山峰10座，5000~5500米的山峰22座，其他沿岭脊山峰海拔均在4700米以上。主峰卡瓦格博，海拔6740米，为云南最高峰。从山顶到山脚澜沧江边明永河入江口（海拔2038米），高差为4700米，在距离只有14千米的范围内，形成一个垂直面，平均每千米上升360米，构成明显的不同气候类型和植物分布带。

第一节　自然地理环境

一、地　质

我国西南的横断山区，是一片地区构造复杂、近代新构造运动十分活跃的地带，因而梅里雪山地区在构造运动、岩性变化与新构造运动等方面也复杂多变。

　　该区域内沉积岩主要有砂岩、页岩、砾岩、石灰岩等。沉积岩性质、厚度、岩相变化大，有红色、紫红色、灰色碎屑岩建造，也有灰岩、泥灰岩等碳酸岩建造。由于附近地区板块缝合线受板块碰撞、挤压、断裂等作用的影响，各类沉积岩都有轻重不等的变质现象。离主断裂带、挤压带及岩浆侵入体越近，变质程度越深，并逐渐过渡到变质岩。在较远的距离，变质程度逐渐变弱。沉积岩中，质地软的碎屑岩和沉积岩胶结较差的沉积物易受侵蚀和破坏，使山体或谷坡受蚀而后退。

　　区域内变质岩分布广泛，有区域变质类型，也有热力变质类型。变质岩所包括的地层复杂，有元古界，也有古生界至中生界。山地地层以上古生界至中生界为主，包括石炭系、二选系、三选系。靠近岩浆岩体外的变质程度较深，而在近碎屑岩出露地带则变质渐浅。属于变质岩的岩类有青灰色、灰绿色、碧绿色的板岩、千枚岩、片岩，还夹有灰白色大理岩和大理岩化的石灰岩。这类岩石在寒冻风化、冰雪侵蚀等影响下，沿变质岩石中的片理、层理、劈理或解理面发生破碎崩解、坠落，从而形成参差不齐、起伏不一的尖峰、陡崖、峭壁、凹穴。

　　在地质历史上，这一地带岩浆活动活跃且强烈，因而岩浆岩种类较多。其中有酸性、中性，也有基性侵入岩和喷出岩。在岩浆岩侵入或喷出的地方，由于受烘烤作用，岩石产生变质现象。未受强烈风化的岩浆岩的抗侵蚀力强，常形成陡崖峭壁，而受强烈风化的部分则易受破坏，形成砂砾。

　　根据板块学说，梅里雪山所在的横断山区地处欧亚大陆板块和印度洋板块之间的碰撞地带附近，是处于南华、泰马、印支、羌塘、昆仑等地块互相碰撞、挤压的缝合线地带。由于受巨板块的长期碰撞、挤压等作用，地壳抬升、褶皱、断裂等活动不断出现，并伴有岩浆的侵入和喷出，产生区域变质、热力变质等现象。基于卫星图片的解译分析表明，横断山区除了褶皱带紧密并互相靠近以外，巨大断裂和次一级断裂构造十分明显清晰，梅里雪山及附近区域属北澜沧江-昌宁-双江(杂多-吉塘-昌宁-双江)和丁青-怒江(班公湖-丁青-嘉玉桥-怒江)深断裂。

　　由于印度洋板块目前仍在不断北移，受欧亚巨大板块阻碍，产生了部分岩块向下俯冲，部分岩块被缓慢抬升，缝合线附近产生了新老断裂基础上较强烈的地质活动。在梅里雪山地区，地壳的大幅度抬升导致河流深切，阶地与剥夷面多层分布，山体高大，相对高差悬殊。新构造运动的继续与发展，对梅里雪山及其附近的山地的隆起与继续抬升、山地两侧澜沧江和怒江及其支流的形成与发育、山地上各类重力地貌、冰川冻土地貌的形成发展，以及沟谷内泥石流的不断活动等方面均有很大的影响。

二、地　貌

与横断山区的所有山体一样，梅里雪山及附近地区在前古生代与古生代的漫长地质年代中，均为海水淹没，属古地中海或特提斯海的组成部分。在印度洋板块与欧亚板块相互运动与碰撞的影响下，地壳有过升降、断裂和岩浆活动。早期海相沉积遭受剥蚀而缺失。中生代早期，海水从东向西逐渐退缩，该地区变为浅海后成为陆地。继续受板块碰撞的影响，本区被挤压之后上升，中间抬升较高，形成山脉主体，而两侧为澜沧江与怒江深大断裂。中生代末期燕山运动后，本区地壳的升降运动相对缓和。这一相对稳定阶段一直持续到第三纪上新世。经过较长时间的剥夷作用，山脉高起部分被蚀低，河谷低地被填高，逐渐成为起伏和缓、自北向南微倾的准平面，两侧的澜沧江与怒江水流和缓。

第三纪中新世后，印度洋板块迅速北移，与欧亚板块冲撞，使得青藏高原大幅度隆起。由于本区紧邻青藏高原，昔日的准平原面成为云南高原北部的高达4000米以上的高原面。后随高原面解体，两条深大断裂间的地带上升为山地，河流沿着主断裂及次级断裂深切，形成山高谷深的地貌形态。整个抬升过程时强时弱，造成除了山顶部分保存着残余高原面外，还有山体上的剥蚀夷平面和以下的断层平台的地貌。

第四纪初，本区虽已被抬升，但因处于低纬地带，上升幅度还达不到常年积雪并产生冰川的条件。中更新世以后，受冰期内的冰川活动影响，分别形成第一期、第二期的冰川与冰川地貌。在晚更新世形成第三期冰川及地貌，进入全新世以后的冰后期。最后一期冰期的冰川虽已大部退出，但在主峰卡瓦格博附近还保留有明永冰川和斯农冰川等。卡瓦格博、缅茨姆、五方佛等山峰顶部，因长期处于低温状态，所以常年处于积雪期，并产生了各类冻土地貌及物理风化所造成的各类地貌。

梅里雪山地区主要由海拔在 4000 米之上的岭脊山峰与河谷构成基本形势。这些山脉与纵谷南北纵横，东西交错，闭合与开放，形成独特的"险与秀"组合。河谷以大型"V"形峡谷为特征，分别有澜沧江深切河谷、说拉河谷、阿东河谷、明永河谷、雨崩河谷、永支河谷等。澜沧江河谷迂回曲折，河水混沌，谷坡陡峻，坡度超过 40°，高度达 2000 米以上。区域内陡崖、坡积群、倒石锥、滑坡无处不见，羊肠小道高悬，徒步旅行，险象环生，谷坡上多级阶地展现新构造运动过程，五颜六色的岩石与稀疏干暖植被，陡添河谷沧桑。

独特的冰雪地貌是该区域特有景观。高悬雪谷自天而降，冰幔壁立，环形组合，浓缩山岳冰川之大成。古冰积盆地、冰碛丘陵、侧碛堤、"U"形谷、冰蚀陡崖、冰斗、刃脊、角峰分布于海拔 3500～4500 米范围。冰川瀑布、急流险滩、冰蚀湖、冰水河随处可见。

以强烈褶皱、破碎化岩层和蛇绿岩套为特征，板块构造缝合线遗迹景观区域内多处可见，尤以飞来寺至澜沧江、雨崩河至澜沧江交汇点到扎龙村沿途澜沧江缝合线最为突出。作为云南古夷平面残留的断续绵延平且面，与深切嵌入式"V"形谷和多级阶地，形成新构造运动遗迹景观，以及澜沧江两岸壁立的崩塌、险象环生坡积群、倒石锥形成的坡面重力地貌景观。

三、气　候

梅里雪山地区属高原性寒温带山地季风气候，全年温度较低，干、湿季节分明。根据德钦县气象记录，升平镇（海拔 3400 米）及附近地区年均温为 6.6℃，最热月为 7 月，平均气温为 11.7℃；最冷月为 1 月，平均气温-3.1℃。年均降水量约 650 毫米，主要集中在 5～10 月。由于受南北走向的深切河谷、较低纬度和巨大垂直高差的多重影响，梅里雪山地区的气候主要具有干湿季分明、长冬无夏、垂直气候突出、日较差大等特点。

11 月至翌年 4 月，西风带受青藏高原阻拦，分成南北两支。南支西风气流沿青藏高原南侧东进，将源于中南半岛的热带大陆气团引导过来。在这支干燥气流的控制下，该地区冬季日照充足，天气晴朗，但风速较大，降水少，湿度小，气温日较差大，具有明显的干季气候特征。在德钦气候站，干季日照时数占全年的 55%，降水量占全年的 23%，>0.1 毫米降水日数占全年的 35%。飞来寺观察点日照时数占全年的 51%，降水量占全年的 27%。自 5 月开始，南支西风气流消失，受孟加拉湾低压副高西侧的东南气流与西方偏南气流影响，5～10 月间，日照少，云量多，降水集中，形成湿季。在德钦站，湿季日照时数占全年日照时数的 45%，降水量占全年的 77%，>0.1 毫米降水量占全年的 65%。飞来寺观察点日照时数占全年的 49%，降水量占全年的 73%。

梅里雪山地区平均海拔超过 3000 米，长冬无夏，春秋相连。德钦站海拔 3485 米，冬季平均开始日期为 9 月 15 日，结束期为翌年 6 月 5 日，历时长达 8 个月 20 天。春秋季为 6 月 6 日至 9 月 14 日，仅 3 个月 10 天。在冬季各月中，候平均气温最低值出现在 1 月第二候至 2 月第三候，候均温仅−3.2～3.5℃，极端最低气温−13.1℃。候均温最高值出现在 7 月第一候，候均温 12.4℃，极端最高气温 24.5℃。从气温的年际变化看，多年平均气温仅为 6.6℃，是云南省所有气象站中历年平均气温值最低的一个地方。最冷年出现在 1957 年，年平均气温 4.1℃，也是云南省年平均气温极端的最低值。而最暖年平均气温仅 7.1℃，也是全省最低值。

本地区由于地处低纬高原，气温年较差小，一般为 14～18℃，而相近纬度我国东部地区均在 23℃以上。年平均气温日较差 9.6℃，除 7、8 月的日较差分别为 8.6℃ 和 8.7℃ 外，各月气温平均日较差在 9℃ 以上，11～12 月日较差最大，为 10.5℃。除 7 月外，其日较差均比同纬度各地的日较差大。由于该地区属高山、亚高山地区，太阳辐射强烈，平均辐射量在 11.8～133.7 千卡/（平方厘米·年），紫外线较强。

区域内澜沧江最低江面与主峰卡瓦格博相对高差达 3848 米，垂直变化对地区气候的影响远远超过纬度和经度地带性，立体气候特点较为突出。由低海拔到高海拔，分别出现亚热带、暖温带、温带、寒温带、亚寒带和寒带等不同垂直气候带谱。由于降雨（降雪）主要集中在海拔 3000 米以上的亚高山和高山地带，海拔 2700 米以下的地段少雨干旱，特别在澜沧江河谷地带，降水稀少，生物种类少，植被为干暖河谷草灌丛。

四、土　壤

澜沧江大峡谷地势起伏高差大，地貌结构复杂，从而决定了梅里雪山区域土壤类型的多样性。该区域地带性土壤有褐土、山地棕壤、山地暗棕壤、山地棕色针叶林土、亚高山草甸土、高山寒漠土，局部地区有紫色土和石灰土等类型，土壤垂直分异十分明显，为我国山地土壤垂直地带性分布现象最为普遍和完整的地区。该地区虽地处亚热带，但由于基面海拔较高，气温偏低，土壤垂直带谱的基带土壤不是红壤而为棕壤。另一方面，由于各山地地理位置和高度的不同，以及水热条件随高度变化的情况不一致，土壤垂直带谱的类型与结构变化很大，暗棕壤常与分布其上的棕色暗针叶林土和分布其下的棕壤交错。

褐土分布在海拔 2500 米以下的地区。该地带年降水量很少，不足 400 毫米，并且几乎全部集中在 7~9 月，"焚风效应"十分明显，但温度较低，年均温 13~16℃，极端高温 39℃左右。植被为稀疏灌丛草坡，覆盖度较低。根据水热状况、植被类型以及土壤性状的差异，划分为燥褐土和棕褐土两个亚类。燥褐土母岩为花岗岩和碳酸盐岩，土体呈强石灰性反应，粒状结构，疏松，通体夹有砾石。棕褐土为燥褐土与棕壤之间的过渡类型，分布于海拔 2000~2500 米的河谷边坡，干旱程度稍轻，土壤湿度稍大，植被有云南松、苦刺花、头花香薷等植物。

山地棕壤分布于海拔 2400~3400 米的地带，气候温凉，雨量适中，年均温在 6~7℃，植被为硬叶常绿阔叶林及暖温性针叶林，具有耐旱的特征，主要植物有黄背栎、高山栎、云南松等。母质为花岗岩、砂页岩、石灰岩等岩石的风化物，土壤肥力较高。

山地暗棕壤分布于海拔 3000~4000 米地带，气候凉爽，植被以各类云杉、冷杉、落叶松等针叶林为主，母岩为片岩、千枚岩、玄武岩、砂页岩等。土质表现为弱酸性腐殖质累积和轻度的淋溶、黏化过程，表土有较丰富的有机质层，具有很高的土壤自然肥力。

山地棕色针叶林土分布于海拔 3800~4200 米，植被为各类冷杉、杜鹃林，母质为花岗岩、石灰岩为主。气候冷凉，但降水充沛，湿度大，植被覆盖度高。

亚高山草甸土分布于海拔 4000~4600 米的高山地带，植被为各类杜鹃灌丛、龙胆、绿绒蒿、报春花等高山植物。该地带土壤发育不深，但表层土壤有机质含量较高，土壤呈微酸性反应，土体夹有母岩碎块。

高山寒漠土分布在海拔 4600 米以上，是成土时间最短的土类。由于气候属亚寒带气候类型，平均气温常年在 0℃ 左右，一年中有半年以上为冰雪覆盖，仅有龙胆、雪莲、地衣、苔藓等少量植被。该土壤类型虽然植被少、有机质积累缓慢，但由于气温寒冷，淋溶作用微弱，表土层有机质含量和矿物质含量却较高。

第二节 文化资源

在文化意义上，梅里雪山的藏语名称其实是卡瓦格博，对当地藏民和广大藏地的信徒而言，以主峰卡瓦格博峰为中心的附近一系列雪山群统称为卡瓦格博地区。这个雪山群所属的山脉称作怒山山脉，这条山脉更北的一段，也就是在西藏自治区境内的北段部分，被称作他念他翁山脉。怒山山脉是怒江和澜沧江的分水岭，也是云南省和西藏自治区的界山。卡瓦格博同时是怒山山脉的主峰，也是云南第一高峰。除当地人和其他地区的藏族人外，外界一般将这座山称为梅里雪山。现行的行政区图、旅游图和交通图也都把它标作梅里雪山。目前，越来越多的当地人，不论是机关干部或是村民都开始沿用"梅里雪山"这一称谓。有些老地图上，把这条山脉标注为"四蟒大雪山"。四蟒大雪山由梅里雪山、太子雪山、碧罗(落)雪山组成，梅里雪山是四蟒大雪山的北段部分。

公元 5 世纪佛教传入藏地之前，藏地流行苯教。苯教是原始宗教，崇信万物有灵，崇拜各种与大自然相关的神灵。苯教也是个多神宗教，整个雪域高原的山山水水、风雨雷电、飞禽走兽、草木森林都有各自的神灵，神灵主宰着世间。根据藏文资料记载，绒赞卡瓦格博峰在很早以前已是藏区古代著名的二十一居士山神之一。当时山名为绒赞冈，"绒"即河谷地带，包括现在的怒江、澜沧江、金沙江流域。"赞"意为勇猛无比，刚烈强悍，还有王者之意(如在古代图伯的国王就叫赞普)。"绒赞"意为这三江流域的王者。由于"冈"为雪，"卡瓦格博"为白雪之意，或许叫起来顺口，便改称绒赞卡瓦格博。绒赞卡瓦格博的辖地是擦瓦绒地区，擦瓦绒地区指现在的西藏的察隅，四川金沙江流域靠近云南的地区和云南的怒江、澜沧江、金沙江流域河谷地带。

佛教传入藏地后，相传莲花生大师传教察看雪域各地时，见卡瓦格博神勇超常，并为众山神之首，心中大喜，用法力将其降伏，带至佛祖前让其授命誓言护法，并受了居士戒。佛祖和莲花生大师给山神灌顶加持，卡瓦格博山神法力、威力猛增，从此便守护着这方佛教净土。他的地位也随之改变，成了护法神，地位仅次于佛、菩萨，供位也居于前两者之后。绒赞·卡瓦格博经莲花生调伏后成为佛法在藏东南地区的重要护法神，同时眷顾着这方土地上一切生灵的幸福和安宁。卡瓦格博又称尼钦·卡瓦格博。"尼"即圣地的意思，"钦"是广大、伟大之意。尼钦·卡瓦格博即大圣地卡瓦格博之意。藏区的山岭大都是神山，而神山都一定是圣地。藏传佛教认为，卡瓦格博非凡而又神奇，他的高度位置，以及山上的各种动物、植物，所依附的村落具有十分吉祥之相。藏传佛教认为卡瓦格博地区是自然天成的胜乐金刚坛城，称作"丹曲石角吉颇章"。

在藏区，流行这样一句话：尼钦卡瓦格博，尼钦加意帕玛。意为：大圣地卡瓦格博，是一百处圣地的父母。可见，卡瓦格博在圣地中的重要位置。卡瓦格博成为藏区重要的圣地，能产生如此重要的影响，跟藏传佛教的噶玛噶举派有很大的关系。1260 年，第二世噶玛巴活佛噶玛·巴希游历康区，在此写下了《卡瓦格博圣地祈文》，并注明此山是成就各种事业之地。之后，又有第三世噶玛巴活佛噶玛·让迥多吉亲至卡瓦格博圣地，著写了圣地卡瓦格博世尊胜乐宫焚烟供祭经文《圣地卡瓦格博焚烟祭文·祈降悉地雨》。

自此，卡瓦格博雪山的山山水水，一草一木，以至每块石头都有了灵性，不再是普通的神山，而成了圣地。随着圣地卡瓦格博的名声逐渐扩大，附近区域及至遥远藏地的朝圣者蜂拥而至，香火更加旺盛，成为藏区著名的圣地之一。佛教经典里说，世界共有二十四处大圣地，藏地有一百二十八处圣地和一千零二十二处小圣地，卡瓦格博圣地位居世界二十四处大圣地，可见其地位之高。

梅里雪山在外界的声名鹊起，却与一次山难事件有关。人类登上地球上海拔 8000 米高度山峰的历史已有 50 多年，一座又一座高海拔的山峰接二连三被"征服"。然而，海拔 6740 米的梅里雪山至今没有沦为登山家们的战利品，仍然是一座人类未能征服的处女峰。1902 年至今，人类十多次攀登卡瓦格博峰，都以失败而告终。许多专业登山者全副武装满怀雄心壮志而来，却都抱憾而归。1991 年 1 月 3 日，中日梅里雪山学术登山队的 17 名队员在海拔 5200 米的 3 号营地遭遇雪崩，全部遇难，酿成世界登山史上的第二大山难事件。

1996 年 10 月，中日联合登山队第三次攀登卡瓦格博峰，最终失利。

海拔 6740 米的山峰，使装备精良的登山勇士们屡登屡挫，让世人震惊。登山活动也引起了当地藏民的反感和阻止。同时也引起了外界的关注，"为什么地球上不能留下一座人类未曾染指的山峰?"一时间，展开了一场轰轰烈烈的"征服与敬畏""征服与尊重"的话题。登山界也有人认真地反思，中国登山协会宣布放弃攀登卡瓦格博。曾经于 1996 年参加中日联合登山队日方队员小林尚礼在他所著的《梅里雪山》一书中写道："经过一段时间与藏民的相处，逐步了解了藏文化，我为曾经参与攀登这座伟大的山峰的行为而感到深深内疚……"

卡瓦格博峰成为地球上一座因文化而受到尊重的山峰。

卡瓦格博现在已成为一张闪亮的名片。

在《中国国家地理》杂志主办、全国 36 家主流媒体共同协办的"选美中国"活动中，梅里雪山被评为"中国最美的十大名山"，梅里澜沧江大峡谷被评为"中国最美的十大峡谷"。

梅里雪山还被环球游报和全国 40 多家都市类晚报评为"中国最值得外国人去的 50 个地方之一"。

梅里雪山外转经线路也成为中国唯一入选的全球 50 条精品生态线路。

德钦县自 1997 年以来开发梅里雪山地区的旅游资源，发展旅游产业。2003 年打出了"梅里雪山——香格里拉的标志""梅里雪山——三江并流的标志"的形象口号。2009 年，在云南省开展国家公园建设试点的背景下，为探索如何实现生物多样性保护与当地社会经济协调发展，在云南省政策研究室指导下，由迪庆州政府牵头，多个相关部门参与，开展了"梅里雪山国家公园建设"项目。党的十八大以来，随着国家公园成为国家生态文明建设的重要途径，梅里雪山的生物多样性保护与可持续发展正日益受到越来越多的关注。

第三节　历次科学调查

从 18 世纪 50 年代开始，来自西方世界的一些商人和传教士们陆续对梅里雪山地区进行探险和科学考察。最早的是一群来自法国的传教士，他们为了筹集传教的活动经费在该地区收集动物和植物标本，并把这些标本卖到巴黎的自然历史博物馆。1877 年，英国探险者 William Gill，在该地区采集了部分标本。1894—1895 年，法国的 Henri d'Orleans，也是一个职业探险家，为寻找法国在南亚一带其他贸易通道，从印度德里到达南部缅甸的探险过程中，在梅里雪山地区采集了不少植物标本。在同一时期，当时的英国，为扩大其在印度之外对中国东部和缅甸的政治和商业影响，从 1894 年至 1901 年派遣了一队以地理学家为主的探险人员，对从印度到重庆的线路进行地理制图和考察。考察队的负责人为 Henri Davies，他于 1900 年来对梅里雪山地区进行考察并绘制了该地区的地图，作为标准，该地图在此后的几十年被外来者广泛参考。

大量植物考察与采集始于 1905 年苏格兰 George Forrest 的到来。Forrest 是一个受雇于不列颠园艺家协会的职业植物采集者，经常为英国的各大植物园提供各种新发现的物种。1905—1932 年，Forrest 曾先后 7 次来到云南，其中有好几次到达梅里雪山及附近区域。这几次 Forrest 都进行了园艺植物采集和大量科学采集，并描述了许多新发现的物种。作为 Forrest 的同行，Kingdon Ward 是另一位来自英国的植物商业采集者。相比其他西方的采集者，他在梅里雪山地区做的植物考察更为深入，并经常持续数月甚至更长。以阿墩子（今升平镇）作为基地，Kingdon Ward 分别于 1911 年、1913 年和 1922 年进行了 3 次科学考察。在此期间，Kingdon Ward 取得了许多植物和园艺学的新发现，并留下了许多记录梅里雪山 20 世纪早期的文字资料。来自奥地利的 Handel-Mazzetti 也在该地区进行过多次采集，但不同于之前几位，Handel-Mazzetti 是一位来自维也纳大学地道的植物学家，其兴趣不只仅限于园艺植物，他分别于 1915 年和 1916 年对梅里雪山南部区域进行了两次考察。另一位奥地利植物学者 Anton K. Gebauer 也于 1914 年进行过标本采集。时值第一次世界大战，Handel-Mazzetti 和 Anton K. Gebauer 均服务于英国，二战后，他们采集的标本均被运往奥地利。

20 世纪 20 年代，西方科学家以梅里雪山为中心开展过 3 次考察。1921 年，瑞典植物学家 Harry Smith 自第一次来到该地区后，开始了其在中国长达 15 年的考察、采集与研究。1922 年，著名的英国地理学家 Walter Gregory 来到此地，并将其称为"中国藏地的阿尔卑斯"。美国植物学和民族志学者 Joseph Rock 于 1923 年 10~11 月期间在梅里雪山旅行，记录下了该地区地质地理、文化及生物多样性的许多资料。在所有人中，Rock 是留下最多梅里雪山地区照记录的考察者。由密苏里植物园和中国科学院共同合作完成的《中国植物》中，近万个由上述植物学者留下的标本成为梅里雪山生物多样性资源的重要记录。

20 世纪上叶，还有几位西方人在他们的探险过程中经过了梅里雪山地区，尽管并没有进行标本采集，但记录下了该地区的自然景观和风土人情。1907 年，法国藏学家 Jacques Bacot 记录下了许多资料，并参与了当地藏民的外转经活动。根据 1921—1927 年的旅行经历，来自美国的天主教传教士 Marion Duncan 曾写下《银色的雪山》(指梅里雪山) 一文 。1923 年期间，由于该地区禁止西方人进入，来自法国的女作家 Alexandra David Neel 装扮成藏族朝圣者从此地进入拉萨。另外，英国医务志愿者 H. Gordon Thompson 也曾于 1924 年在这里的澜沧江河谷一带进行过短暂的旅行。

我国科学家对梅里雪山地区的科学考察始于 20 世纪 30 年代。1935 年供职于静生生物研究所(现为中国科学院植物研究所)、我国著名的植物分类学及生态学家王启无先生在梅里雪山东西坡均进行了标本采集，并对该地区的植被状况进行了描述。第二次世界大战初期，静生生物研究所对该地区又组织过两次生物学考察，这两次考察均由俞德浚领队。据报道，当时考察队采集到了 40 多件植物标本。其时正值日本入侵我国东部，返回时考察队被迫在昆明避难，并将植物标本存放于昆明植物研究所。新中国成立后，我国生物学家在梅里雪山地区曾分别于 1956 年和 1960 年进行过两次科学考察。1981 年，由中国科学院昆明植物研究所武素功研究员领队的"横断山区综合科学考察队"对该地区进行过考察。1986—1995 年期间，云南大学的朱维明教授和他的同事们对梅里雪山地区的高等植物进行了深入的调查。该地区较为全面的考察和研究始于 2000 年，在大自然保护协会的支持下，云南大学、中国科学院昆明植物研究所、云南省林业和草原科学院、中国科学院动物研究所、香格里拉高山植物园、云南省社会科学院、美国密苏里植物园、德钦县藏医协会、迪庆州藏学会等单位和组织，从生物多样性、民族文化多样性等多方面进行了综合的调查和研究。

梅里雪山生物多样性

第一节 生物地理条件

在生物地理学上，梅里雪山所属的横断山脉被认为是温带地区生物多样性最丰富的区域之一。在纬向上，该地区正好位于温带古北界和热带印度-马来生物地理界缝合带北部；在经向上，该地区包括了亚热带到高山的整个生态梯度，因此该地区生态类型复杂，物种的丰富度高，特有现象突出。各种生态类型和生物多样性随着温度、湿度等气候要素的变化而变化。低海拔地区澜沧江沿岸是暖温性灌木林带，暖温性灌木林以上是低海拔的暖温性针叶林。暖温性针叶林、针阔混交林、硬叶阔叶林和落叶阔叶林位于中海拔地带。寒温带针叶林是海拔最高的森林生态类型，一般海拔在3000~4000米。在这些海拔最高的森林生态类型中，天然垭口通常出现在山谷底部，形成温性灌木丛和亚高山草甸。在林木出现的最高区域上部林线与高海拔冰川和雪峰之间，常常由寒温性灌木丛、高山草甸和高山流石滩组成青藏高原地区最独特的生态类型——高山复合体。

气候和海拔梯度是决定梅里雪山生物多样性垂直地带性分布的重要因素。差异巨大的海拔梯度形成变化的降水梯度，因此平均年降水量从干燥的低海拔河谷到湿润的高海拔山脉顶部呈缓慢增加趋势。与之相反，沿这一复杂的梯度，温度却随海拔升高而迅速下降。海拔高度、降水量、温度，加上地质土壤因素，使梅里雪山地区局部生物多样性分布要素更加复杂，这也是该区域物种富集程度高的主要原因。总体而言，植物多样性和丰富度随降水和温度的增加而增加，但在梅里雪山地区，这两个变量沿海拔梯度呈反向分布。尽管以木本植物为主的高大植物主要生长于2900~

3500 米的中海拔区域，但 4000 米以上的高海拔高山草甸带和 2800 米以下的低海拔干暖河谷灌丛带却是生物多样性特别是植物多样性丰富的区域。

坡向是植物分布的另一个环境决定因素。梅里雪山南坡较北坡光照条件好，因而喜暖的温性灌丛和硬叶阔叶林在南部的分布更为广泛，而云-冷杉林在北部分布较多，这也是许多珍稀野生动物，特别是大型哺乳动物的栖息地。南部区域少高山，包括降雪在内的降水南方较北部要大。一般来说，植被的海拔分布南北相似，但在积雪较少的北部区域，植被类型的海拔分布比南部同类植被类型高 100~300 米。同时，南部山脉的较低海拔使该地带气候相对温暖湿润而非干燥，因而更利于黄背栎等硬叶阔叶树种的生长，这个生境是许多国家级保护雉类的食物来源地。

第二节　植被类型

梅里雪山地区地处三江并流腹心地带，植被保存完好且垂直分带明显，生物多样性丰富程度高，生态景观形态多样。按照《云南植被》的分类系统，云南大学欧晓昆教授团队将梅里雪山地区的植被类型分为 8 种植被型 12 种植被亚型 30 个群系 40 多种群落类型（表 3-1）。

表 3-1　梅里雪山植被类型

I. 常绿阔叶林
岩栎群落
II. 硬叶常绿阔叶林
1. 滇川高山栎群系
1.1 滇川高山栎群落
2. 黄背栎群系
2.1 黄背栎群落
III. 落叶阔叶林
1. 沙棘群系
1.1 沙棘群落
2. 桦木、槭树、花楸林群系
2.1 桦木、槭树、花楸群落
3. 桦木、槭树、五叶参林群系

（续）

　　3.1 桦木、槭树、五叶参群落

　4. 光核桃群系

　　4.1 光核桃群落

　5. 丝毛柳群系

　　5.1 丝毛柳群落

Ⅳ. 针阔混交林

　1. 澜沧黄杉、华榛、桦木混交林群系

　　1.1 澜沧黄杉、华榛、桦木群落

　2. 针阔混交林群系

　　2.1 云南红豆杉群落

Ⅴ. 暖性针叶林

　1. 华山松林群系

　　1.1 华山松群落

　2. 侧柏林群系

　　2.1 侧柏群落

　3. 藏柏群系

　　3.1 藏柏群落

Ⅵ. 温性针叶林

　Ⅵ-1 温凉性针叶林

　　1. 高山松林群系

　　　1.1 高山松群落

　Ⅵ-2 凉温性针叶林

　　1. 丽江云杉林群系

　　　1.1 丽江云杉群落

　　2. 油麦吊云杉林群系

　　　2.1 油麦吊云杉群落

　　3. 长苞冷杉林群系

　　　3.1 长苞冷杉群落

　　4. 急尖长苞冷杉林群系

　　　4.1 急尖长苞冷杉群落

　　5. 川滇冷杉林群系

　　　5.1 川滇冷杉群落

（续）

Ⅶ. 灌丛

Ⅶ-1 凉温性灌丛

1. 杜鹃灌丛群系

1.1 杜鹃群落

2. 柳灌丛群系

2.1 柳群落

3. 高山柏群系

3.1 高山柏群落

Ⅶ-2 热温性灌丛

1. 白刺花、毛子草灌丛群系

1.1 白刺花、毛子草群落

2. 头花香薷灌丛群系

2.1 头花香薷群落

Ⅷ. 草甸

Ⅷ-1 亚高山草甸

1. 血满草、尼泊尔酸模草甸群系

1.1 尼泊尔酸模、毛葶蒲公英群落

1.2 血满草、绒紫萁群落

2. 橐吾、银莲花草甸群系

2.1 橐吾、银莲花群落

Ⅷ-2 高山草甸

1. 马先蒿、报春花草甸群系

1.1 马先蒿、报春花群落

1.2 龙胆、马先蒿群落

2. 垫紫草、雪灵芝草甸群系

2.1 垫紫草、雪灵芝群落

Ⅷ-3 高山流石滩草甸

1. 雪兔子疏生砾石地群系

1.1 雪兔子、扭连钱群落

2. 紫堇、葶苈疏生草甸群系

2.1 紫堇、葶苈群落

3. 虎耳草、龙胆草甸群系

3.1 虎耳草、龙胆群落

　　常绿阔叶林是典型的亚热带植被类型，在云南高原的广大区域分布。但在梅里雪山地区这一类型是较为少见的类型，主要原因是这一区域海拔高，温度低于亚热带常绿阔叶林分布的地区。常绿阔叶林仅仅分布在本地低海拔的河谷地区，主要以岩栎为优势种的群落，这一群落主要分布在从澜沧江河谷到永芝村沿线。群落分布的生境温暖潮湿，海拔在 2200 ~ 2500 米。

　　硬叶高山栎是滇西北山地常见，同时也是最为独特的一类植被。该植被是村民重要的薪材树种，而硬叶栎类的叶子也常常被当地农民用作猪圈和牛圈的垫圈材料。在松茸采集成为滇西北一种重要经济来源以后，这类植被类型作为松茸的主要生境，得到当地村民的自觉保护。从植物区系地理上分析，硬叶栎群落主要分布在欧洲的地中海沿岸地区和全球其他地中海气候区，例如在意大利、法国、美国的加利福尼亚等地。已有的研究认为，这种类型在该地区的间断分布表明了地质史上古地中海的存在，金沙江沿岸地区是古地中海的部分，目前该植被类型被认为是古地中海的残遗成分。这一群系有两个群落类型，一个是川滇高山栎群落；另一个是黄背栎群落。前一群落分布在 2500 ~ 3000 米的海拔范围，多数分布在阳坡。群落可以分为乔、灌、草 3 层。后一群落分布海拔为 2000 ~ 3200 米，也多见于阳坡分布，乔木层高 10 ~ 20 米，盖度 85% ~ 90%。

　　梅里雪山地区主要有 5 类落叶林群落类型：①沙棘群落主要分布在海拔 3000 ~ 3200 米的村寨附近，该群落为人工栽培的群落类型。但由于树龄已有几百年，因而针对是否是原生的问题仍存在争论。这一群落见于雨崩上村，是当地的圣林，得到较好的保护。每年在林内都要举行特殊的庆祝仪式和活动，树木不会受到任何砍伐，林中的其他植物也得到了保护。从垂直结构分析，此群落有 3 层，即乔木层、灌木层和草本层。②桦木、槭树、花楸群落分布的海拔是 2800 ~ 3800 米。该群落也具有乔木、灌木和草本 3 层。秋季出现的红色或黄色的鲜艳色彩是这类群落最好的标志，树干上满布的苔藓可以判断这种群落所在地空气湿度较大。③光核桃群落为河边或沟边分布的一个类型，主要分布在河岸边，海拔为 2200 ~ 2800 米。光核桃是一种药用植物，由于分布地区人为活动频繁，群落受到人为影响，群落也可以分为乔、灌、草 3 层。④丝毛柳、野花椒群落主要分布在梅里雪山靠近村寨的河岸旁边，海拔为 2200~2800 米，群落分乔、灌、草 3 层。国家二级保护野生植物黄牡丹是群落中常见物种。⑤德钦杨群落也是一种典型的河边林群落，梅里雪山附近的沟边或河边也可见到这一群落，其分布的海拔为 2200~2600 米。沿着河岸呈狭窄的条状分布。群落可以分为 4 层，其中乔木层可以分为 2 层，即乔木上层和下层，乔木上层高约 30 米，盖度达到 70%。

针叶树种和阔叶树种混交林包括两类群落：①澜沧黄杉、华榛、桦木群落分布的海拔在 2600~2900 米，在梅里雪山地区稍微潮湿的地方可以见到，特别是在通往明永冰川和斯农冰川路上附近的区域经常可见到。群落中具有多种珍稀濒危植物分布，例如澜沧黄杉、黄牡丹、华榛等。群落可以分为乔、灌、草本 3 层。②云南红豆杉、石楠群落。云南红豆杉因为可以作为抗癌药物的原料而成为一种十分重要的植物，目前是国家一级保护野生植物。以这种植物为优势种，在一些阴湿的沟谷环境形成群落。梅里雪山地区红豆杉的分布较为广泛，其分布的海拔在 2600~2900 米，群落高 15~20 米，盖度在 90%~100%，群落可以分为乔、灌、草 3 层。

梅里雪山地区有华山松、侧柏和干香柏 3 类暖温性针叶林群落：①华山松群落分布在梅里雪山海拔 2300~2900 米山坡，这一群落大多分布在靠近村寨的阴坡。群落高 10~15 米，群落盖度约为 80%，华山松为优势种。②侧柏群落分布在梅里雪山海拔 2000~2600 米的山坡，在澜沧江河谷的西坡，侧柏群落是一类广泛分布的群落类型。在没有受到干扰的正常状况下，侧柏形成乔木群落，当地人习惯使用侧柏枝条作为烧香的材料，受到人为干扰或分布在低海拔的干暖河谷山坡，侧柏树变得低矮，有时甚至成为灌木状。③干香柏群落主要分布在澜沧江河谷两岸，分布海拔 2000~2100 米，为人工林群落。干香柏树广泛分布在澜沧江河谷中，其最大直径超过 3 米，高度达 50 米以上。顺澜沧江河谷朝南，可以在两岸经常见到干香柏树分布。干香柏是群落乔木层中唯一的优势种，如果不是在十分干燥的生境分布，群落的灌木和草本层仍然种类丰富。

温性针叶林共有 4 种类型：①高山松群落为梅里雪山地区主要的植被类型之一，群落的优势种就是高山松。这是一个滇中地区广泛分布的云南松的地理替代种，在海拔较低处分布云南松，随着海拔的升高，这一群落主要在滇西北 3000 米以上的区域出现。群落分布的海拔在 2600~3500 米。②云杉林群落在梅里雪山地区的分布较为普遍，其分布的环境与冷杉林群落相比，略为偏湿和偏暖，云杉群落分布的海拔为 2600~3800 米，其中丽江云杉较为高大，可达 30 余米。云杉群落也可以分为 3 层，乔木层高约30 米，盖度为 80%~85%。除了云杉外，还有冷杉，以及桦木或槭树等少量阔叶树种分布，而后者的高度和盖度明显低于云杉林。③冷杉群落为梅里雪山地区分布最为广泛的森林群落类型。其中，长苞冷杉又是当地分布最广的一种冷杉林，其分布的最低海拔为 3100 米，广泛分布在 3500~4200 米。群落盖度为 85%~90%。长苞冷杉是乔木层的优势种，乔木层中还可以见到其他的云杉、冷杉、槭树、五叶参、花楸等一些种类。④怒江落叶松群落。在梅里雪山地区落叶松并不是一个常见的群落类型，仅仅在说拉及夺通一带海拔 3700~3900 米的局部地区见到。由于树种单一，群落的季相变化特别明显。春季长出新叶时呈现金黄色，秋季落叶以前也呈现出金黄色。

灌丛分寒温性灌丛和热温性灌丛两种类型：① 寒温性灌丛包括宽钟杜鹃群落、白毛粉钟杜鹃群落、蜜穗柳群落、方枝柏群落。宽钟杜鹃群落分布在海拔 3400~4300 米，这是一个本地区广泛分布的杜鹃群落，偶见一些冷杉会在群落上层形成一个低矮而分散的乔木层。白毛粉钟杜鹃群落分布在海拔为 4000~4500 米的高海拔地区，群落高度低于 1 米。植物大多呈垫状，低矮匍地生长，群落中植物种类较少，主要有锈叶杜鹃、篦叶岩须等。另外，还有毡毛杜鹃群落也是分布在高海拔地区的一个灌丛，但分布稀疏。蜜穗柳群落是一个高海拔分布的类型，该群落在梅里雪山的南部海拔 4100 米以上的地方分布，而在北部可分布在 4500 米以上的地方。多数情况下，群落分布在冰川形成的 U 形谷附近，柳树变成低矮、匍匐状的灌木。方枝柏群落也是一个高海拔地区的植物群落，其分布的海拔在 3900~4300 米，仅仅在梅里雪山的北部地区出现。群落分为 2 层，其中方枝柏依据其分布的海拔不同而分别显示出乔木状或灌木状。乔、灌层高 2~4 米，盖度为 50%~60%，主要种类有方枝柏，也有少量矮化的云杉、冷杉、杜鹃等。②热温性灌丛包括白刺花、毛子草群落，头花香薷群落和土沉香、女贞群落。白刺花、毛子草群落是分布在低海拔地区的群落类型，分布在海拔低于 2400 米的干暖河谷区域，主要在澜沧江河谷两岸，群落植被高 0.5~1 米，盖度为 40%~60%。头花香薷群落为干暖河谷典型的植物群落，主要分布在南部澜沧江河谷海拔低于 2300 米的地方，在升平镇到永芝村的路边常见。土沉香、女贞群落也是一个干暖河谷的群落类型，其分布的海拔低于 2600 米，群落分为灌木层和草本层两层。

草甸包括亚高山草甸、高山草甸和高山流石滩草甸 3 种类型：①亚高山草甸分布在海拔低于 4000 米的亚高山地区，这一地区常常是针叶林分布的区域，在这一区域出现草甸的原因：首先是由于人为的干扰；其次是由于地面淹水的缘故。人为砍伐林木以后形成的林窗中，分布的就是此类草甸。在梅里雪山地区主要有两个群落，即血满草、尼泊尔酸模群落和囊吾、银莲花群落。两种都具有次生性质，多出现在当地牧民的牛场附近。②高山草甸分布在梅里雪山 4000~4500 米较高的海拔区域。根据优势种，不同高山草甸也有不同的类型，其中有报春花群落，垫紫草、雪灵芝群落和云南银莲花、楔叶委陵菜群落。③高山流石滩草甸分布在海拔为 4300~5300 米，甚至更高的海拔区域，该区域没有表层土壤，植物生长在岩石风化形成的流石滩上。梅里雪山地区的高山流石滩主要分布在北部地区，这是由于北部的山体较为宽厚，利于流石滩的发育。而南部地区的山体较为陡峭，多数流石滩发育在 5000 米以上的区域，随着覆盖冰雪的季节变化而变化。流石滩的岩石种类有片岩、紫色砂岩和花岗岩，不同的岩石风化形成了不同的流石滩类型，其上分布的植物种类也有不同。高山流石滩疏生草甸群落也可以分为不同的类型，但是这种群落的植被盖度较低，种类也较贫乏。这些群落主要有雪兔子、扭连钱群落，紫堇、葶苈群落，德钦乌头群落，红景天、岩白菜群落和虎耳草、龙胆群落。

第三节　动植物多样性

一、植物

历次考察在梅里雪山地区共调查到 2702 种维管束植物，分别相当于被认为是中国生物多样性最丰富的地区的西双版纳种子植物种数（4000 余种）的 67.6% 和整个西藏自治区所拥有的种子植物种数（5000 余种）的 54%。其中，蕨类植物 26 科 55 属 217 种，裸子植物 4 科 12 属 33 种，双子叶植物原始花被类 80 科 280 属 1276 种，双子叶植物变形花被类 36 科 189 属 922 种，单子叶植物 14 科 106 属 253 种，总计 160 科 693 属 2702 种。其中，新分类群 4 种、1 变种、云南分布新纪录 1 属（布袋兰属）及 20 种。大于等于 20 个物种的属共有 12 个，其中蕨类的鳞毛蕨属 26 种，耳蕨属 24 种，种子植物的菊科风毛菊属 29 种，石楠科杜鹃属 40 种，龙胆科龙胆属 32 种，玄参科马先蒿属 42 种，罂粟科紫堇属 35 种，报春花科报春花属 31 种，蓼科蓼属 21 种，蔷薇科蔷薇属 20 种，杨柳科杨柳属 33 种，虎耳草科虎耳草属 43 种。

特有现象显著是梅里雪山地区植物多样性的一大特色，其中中国蕨属为中国特有，峨眉蕨属、桃儿七属等属为横断山区特有。中国特有物种 548 个，横断山区域特有种 357 个，滇西北横断山区或德钦特有植物有德钦岩蕨、丽江瓦韦、德钦乌头、茨开乌头、草黄乌头、金江小檗、烛台虎耳草、黑腺虎耳草、腺瓣虎耳草、须花无心菜、多子无心菜、垂花无心菜、丽江假虎杖、贡山凤仙花、德钦蔷薇、脱毛柳、维西榛、黄背栎、长生柴胡、草甸阿魏、丽江万丈深、芷叶棱子芹、矮棱子芹、赶山囊瓣芹、阿墩子粗毛芹、篦叶岩须、草地白珠、伏地杜鹃、德钦杜鹃、多变杜鹃、平卧杜鹃、宽戟囊吾、川西小黄菊、假蔓龙胆、白边龙胆、阿墩子龙胆、小帚龙胆、矮美龙胆、无柱龙胆、马耳山龙胆、山景龙胆、流苏龙胆、纤细龙胆深紫獐牙菜、紫黑獐牙菜、金不换、匙叶雪山报春、柔嫩马先蒿等。

(一)重要植物

梅里雪山地区多种植物被列入国家及省级保护名录。其中，列入《国家重点保护野生植物名录》里的一级保护野生植物是玉龙蕨、南方红豆杉、独叶草等3种；二级保护野生植物有冬虫夏草、松茸菌、油麦吊云杉、金铁锁、山莨菪、澜沧黄杉、胡黄连等7种；列入《中国珍稀濒危保护植物名录》，不包括已列入《国家重点保护野生植物名录》里的三级保护野生植物有黄牡丹、短柄乌头、华榛、长苞冷杉、桃儿七、棕背杜鹃、延龄草、似血杜鹃、硫磺杜鹃等9种。列入《云南省第一批省级重点保护野生植物保护植物名录》的物种有高河菜、梭砂贝母、拟耧斗菜、茄参、绵参、穿心莲子藨等。

(1)玉龙蕨，鳞毛藏科玉龙厥属。多年生矮小草本，高10~30厘米。根状茎短而直立或斜生，连同叶柄和叶轴密被覆瓦状鳞片。一回羽状复叶，羽片卵状三角形，长不超过2厘米，边缘常向下反卷；叶轴顶端不延伸成鞭状。孢子囊群圆形，在主脉两侧各排列成一行，无盖。很多迹象表明，该属在喜马拉雅山隆起过程中从耳蕨属分化出来，为我国西南高山特有的濒危物种，对于研究植物演化关系具有重要意义。在梅里雪山地区，玉龙蕨主要生长在海拔4300米以上的高山流石滩疏生植被类型中。

(2)澜沧黄杉，松科黄杉属。常绿乔木，高40米，胸径80厘米。一年生主枝无毛或近无毛，侧枝多少有毛。叶排成两列，狭条形，长3~5.5厘米，先端有凹缺，基部楔形并扭转，几无柄，上面中脉凹下，下面有两条灰白或灰绿色气孔带。雄球花单生叶腋，雌球花单生侧树顶端。球果长卵圆形或椭圆状卵形，长5~8厘米，种鳞木质，坚硬，苞鳞上部明显外露并向外反伸或反曲，中裂片窄长渐尖，种子上端有膜质翅。果期7~9月。澜沧黄杉为横断山区特有的渐危树种，也是我国黄杉属分布最西、垂直分布较高的种类。澜沧黄杉是优良的建筑、桥梁和家具等的用材。在梅里雪山地区，主要生长在海拔2400~3200米的沟谷针阔混交林内。由于生长地靠近村落，斯农、明永、永支、红坡一带的藏族群众往往选用上百年以上的澜沧黄杉大树作为藏式房屋中柱。

(3)胡黄连，玄参科胡黄连属。多年生草本植物，根茎粗壮。叶全部基生，莲座状。叶片匙形至卵形，长2~5厘米，基部暂狭成短柄，上部边缘具锯齿。花葶高5~10厘米，花序长约2厘米，花萼裂片4，长6~7毫米，花冠蓝紫色，雄蕊4枚。蒴果长卵形，长约1厘米，4裂。花期5~6月，果期7~9月。生长于海拔4000米以上的高山草地、砾石草甸中，为单种属濒危植物，特产于喜马拉雅和横断山区，是玄参科婆婆纳族原始的类群之一，具较高的科学研究价值。同时，其根状茎被称为"胡黄连"，为常用中药。在发现我国滇川藏横断山区有分布之前，该药材一直依靠进口。

（4）松茸，白磨科口蘑属。子实体中等至较大，菌盖直径5~15厘米，扁半球形至近平展。污白色，具黄褐色至栗褐色平伏的丝毛状鳞片，表面干燥。菌肉白色，厚，具特殊气味。菌褶白色或稍带乳黄色，密弯生，不等长。菌柄较粗壮，长6~13.5厘米，粗2~2.6厘米，菌环以上污白色并有粉粒，菌环以下具栗褐色纤毛状鳞片，内实，基部有时膨大。菌环生菌柄的上部，丝膜状，上面白色，下面与菌柄同色。孢子印白色或无色，光滑，宽椭圆形至近球形，秋季出现。松茸属大型野生食用真菌，主要生长在硬叶常绿高山栎林、针叶-硬叶常绿高山松/高山栎混交林及云南松林下。松茸含有蛋白质、脂肪和多种氨基酸，是名贵的野生食用菌，自20世纪90年代以来，松茸是迪庆州主要供应外贸出口商品，松茸采集成为当地群众增收致富的主要经济来源。

（5）冬虫夏草，麦角菌科虫草菌属。子座棒状，生于鳞翅目幼虫体上，一般只长一个子座，少数3个，从寄主头部、胸中生出至地面。长5~12厘米，基部粗1.5~2厘米，头部圆柱形，褐色，中空。子囊壳椭圆形至卵圆形，基部埋于子座中，子囊长圆筒形。子囊孢子2~3个，无色，线形，横隔多且不断。寄生于虫草蝙蝠蛾的虫体上。每年5~7月出现，分布于海拔3500~5000米的高山草甸上。冬虫夏草富含蛋白质、氨基酸，其中多为人体必需氨基酸，还含有糖、维生素及钙、钾、铬、镍、锰、铁、铜、锌等元素。所含虫草菌素是一种有抗生作用或抑制细胞分裂作用的与核酸有关的物质。冬虫夏草作为一种著名的药用真菌，性温、味甘、微辛，补精益髓、保肺、益肾、止血化痢，止痨嗽，其滋补功效和营养价值受到人们的追捧。

（6）黄牡丹，毛黄科芍药属。落叶小灌木或亚灌木，高1~1.5米，全体无毛。茎木质，圆柱形，灰色；嫩枝绿色，基部有宿存倒卵形鳞片。叶互生，纸质，二回三出复叶，长 20~35 厘米，叶片羽状分裂，裂片披针形，纸质，长 5~10 厘米，宽 1~3 厘米，先端锐尖至钝尖，基部下延，全缘或有齿，下面微带白粉。叶柄长 7~15 厘米，圆柱形。花 2~5 朵生于枝顶或叶腋，直径 5~6 厘米，苞片 3~4，披针形；萼片 3~4，宽卵形；花瓣 9~12，黄色，倒卵形，有时边缘红色或基部有紫色斑块，长 2.5~3.5 厘米，宽 2~2.5 厘米，雄蕊多数。花盘肉质，包住心皮基部，顶端裂片三角状或钝圆。心皮 2~3，锥形，长 1.2 厘米。蓇葖革质，长 3 厘米，直径 1.5 厘米，顶端长渐尖，向下弯，种子数粒，黑色。一般 3 月萌发，4~5 月开花，9~10 月果熟，11 月叶脱落。黄牡丹大多生长于石灰岩山地灌丛或疏林下，以雨崩一带分布较多。黄牡丹花黄色，是培育牡丹、芍药等新品种的种质基因，在园艺育种上有科学价值。根皮入药，为白芍的代用品，治疗吐血、腰痛、关节痛、月经不调等疾病，具有清热凉血、散瘀止痛、通经等作用。此外，野生黄牡丹还是栽培牡丹的祖先，有较大的科研价值。

（7）短柄乌头，毛茛科乌头属。块根胡萝卜形，长 5.5~7 厘米，粗 5~6.5 毫米，茎高 40~80 厘米，疏被反曲而紧贴的短柔毛，密生叶，不分枝或分枝。叶片卵形或三角状宽卵形，长 3.5~5.8 厘米，宽 3.6~8 厘米，三全裂；叶柄长 0.8~3.2 厘米。总状花序有 7 至多朵密集的花；轴和花梗密被弯曲而紧贴的短柔毛。苞片叶状，花梗近直展，下部的长达 1.5 厘米，中部以上的长约 1 厘米。萼片紫蓝色，外面被短柔毛，花瓣无毛，上部弯曲，瓣片长约 7 毫米，距短，向反弯曲。花丝疏被短毛，全缘或有 2 小齿，心皮 5，子房密被斜展的黄色长柔毛。花期 9~10 月。短柄乌头属稀有种，又名"小白掌""雪上一枝蒿"，块根入药治感冒和头痛，为保山乌头的变种。多年生直立草本，仅分布于海拔 2800~4300 米的高山草坡、岩石坡和疏林下。喜光，多生于向阳坡。

（8）独叶草，星叶草科独叶草属。多年生小草本，无毛，高 3~10 厘米。根状茎纤细，生多数不定根。茎基部具膜质鳞片。叶片基生，近圆形，直径约 5 厘米，裂片宽楔形，3 浅裂至 25 处；叶脉二叉状分枝；叶柄长 5~11 厘米。单花顶生，萼片 4~7，淡绿色，无花瓣；雄蕊长 2~3 毫米，

子房一面膨胀，瘦果扁，长约 1 厘米，种子 1 颗。花期 5~6 月，果期 8~
10 月。德钦为模式标本产地，生于海拔 2800~3000 米冷杉林和杜鹃灌丛
下，常与蕨类混生。这种距今 6700 万年前的珍稀植物对生存环境要求近乎
苛刻，被认为是优异生态环境的"天然指示器"。因该种天然更新能力差，
加之森林的破坏采挖，植株数量逐渐减少，自然分布日益缩减，为国家
二级保护植物，由于属稀有的单种属植物，其性状独特，对进一步研究被
子植物系统演化问题具有较高的科学价值。

（9）油麦吊云杉，松科云杉属。常绿乔木，高达 30 米，胸径 1.5 米。
树皮灰色，裂成不规则较薄鳞状块片脱落。叶扁平条形，长 1~2 厘米，宽
1~1.5 毫米，先端尖，上面有两条白色气孔带，下面无气孔线。球果圆柱
形，长 6~12 厘米，宽 2.5~3.8 厘米，种鳞倒卵形至斜方状倒卵形。花期
5 月。果期 8~10 月。广布于海拔 2000~3700 米的地带，或自成纯林，或
与桦、杨、高山松及冷杉组成混交林。油麦吊云杉为横断山区特有的珍贵
树种，同时，也是建筑、器具的优良用材和亚高山更新树种。

（10）云南红豆杉，红豆杉科红豆杉属，国家一级保护野生植物。常绿
乔木，高达 30 米，胸径可达 2 米。树皮灰褐色，成鳞状薄片脱落，大枝开
展。叶质地较薄，披针状条形，长 1.5~4.7 厘米，宽 2~3 毫米，排成两
列，叶面深绿色，有光泽。雄球花淡褐黄色，雄蕊 9~11，种子卵圆形，
长约 5 毫米，径 4 毫米，成熟时假种皮鲜红色。花期 5~6 月，果期 8~
10 月。生长于海拔 2300~3200 米的针阔混交林中。云南红豆杉在研究红豆
杉属植物的分类、分布等方面有一定的意义。近年医研究证明，其根和树
皮所含的紫杉醇是很好的抗癌药物，也是建筑、器具的优良用材树种。

（11）金铁锁，石竹科金铁锁属。多年生草本，茎平卧。根多单生，肥
大，长圆锥形。茎中空；叶无柄，卵形，微带肉质，长 1~2.5 厘米，宽
1~1.5 厘米，上面疏生细柔毛；聚伞花序顶生，三歧出，花无梗或有极短
梗，萼筒狭漏斗形，多腺毛，萼齿 5。花瓣 5，紫堇色，长 7~8 毫米。雄
蕊 5，和萼片对生，伸出花外。子房有 2 胚珠，花柱 2，丝形。朔果长棍棒
形，种子 1 颗。花期 6~7 月，果期 8~9 月。生于海拔 2600~3500 米的阳
山坡松林下，为我国特有和稀有的单种属植物，是研究石竹科系统分类和
进化极宝贵的材料。

（12）山莨菪，茄科山莨菪属。多年生直立粗壮草本，高约1米，根粗壮，叶革质，卵形或长椭圆形至椭圆状披针形，长12~18厘米，宽4~8厘米，顶端渐尖，基部楔形，边缘有时具有少数不规则的三角形齿，下面有疏柔毛。花常单生于枝腋，俯垂长3~4厘米，径4~5厘米。花梗粗壮，有时直立，长4~7厘米，粗5~8毫米。花萼宽钟状，不等5浅裂，果时增大成环状，厚革质，有几条显著粗壮的纵肋。花冠紫色，宽钟状，比花萼长不到1倍。雄蕊5，花盘环状，边缘有5个波状浅裂，子房圆锥形。蒴果近球状，内藏于宿萼内，盖裂。种子圆肾形，有小疣状突起。分布于海拔2500~4500米林下或水沟旁，为横断山区特有种。根、茎、叶和种子药用，能镇痉和止痛。

（13）桃儿七，小檗科桃儿七属。多年生草本植物，根状茎粗壮，横生，红褐色。茎直立，中空，高40~80厘米，叶2片，心脏形，3或5深裂几达中部，边缘疏生不整齐锯齿。花单生于茎顶，粉红色，先叶开放；萼片6，早萎；花瓣6，开展，倒卵形；雄蕊6；雌蕊1。浆果卵圆形，熟时红色，种子多数。花期5月，果期6~9月。生于海拔2800~4100米针叶林及针阔叶混交林下。桃儿七是东亚和北美植物区系中的一个洲际间断分布种，有一定科学研究价值。桃儿七属于"太白七药"之一，具有抗癌作用。以桃儿七为主药制成的"天福星"Ⅲ号抗癌药，对于乳腺癌的治疗效果尤为明显。

（二）资源植物

梅里雪山的主要针叶观赏植物有澜沧黄杉、云南铁杉、川滇冷杉、长苞冷杉、大果红杉、油麦吊云杉、高山松和高山柏等，除大果红杉和怒江落叶松为落叶树种外，其他均为常绿树种，且大多树姿秀丽，高大雄伟，不仅有较高的观赏价值，而且可以作亚高山带山体、林园、城市绿化美化的骨干树种。主要阔叶观赏植物有少脉椴、头状四照花、各种枫树、樱桃、沙棘、山杨、川杨、白桦、红桦、花楸和云南野丁香。其中，观果树种有花楸、清香木和樱桃，这些乔木和小乔木树姿优美，可用于行道树及公园绿化美化树种。观花灌木植物有多种杜鹃花、云南山梅花、多种蔷薇、多种忍冬、橙花瑞香、陕甘瑞香。观叶和果的灌木有岩须等。绿化藤本植物常见有铁线莲、满山香等。阔叶木本观赏植物中最引人注目的是杜鹃花科的杜鹃花属种类。观花草本植物常见有龙胆花、报春花(景天点地梅、刺叶点地梅、独花报春、紫花报春、美报春、滇藏掌叶报春、穗花报春、锡金报春、偏花钟报春等)、百合花(宝兴百合、尖被百合、紫花百合、大理百合、滇蜀豹子花等)、川甘铁线莲、翠雀花、拟耧斗菜、云南金莲花、马先蒿、金纹鸢尾、雪莲花等。

名贵药用植物有冬虫夏草、珠子参、卷叶贝母、雪茶、胡黄连。常见中药植物有岩白菜、秦艽、三分三、卷叶黄精、重楼、商陆、曼陀罗、天仙子、五味子、绿升麻、白薇、紫菀、麻黄、马尾黄连、天南星、红景天、黄牡丹等。常见藏族药用植物有方枝柏(所巴查勒间)、高山松(唐新)、卷叶黄精(热尼)、轮叶黄精(咯尼)、卧生水柏枝(温布)、雪上一枝蒿(则巴)、小檗(结巴)、长小叶十大功劳(结给)、紫菀(陆穹)、商陆(巴乌嘎保)、大籽蒿(坎巴)、雪莲花(恰高素巴)、川贝母(阿比卡)、羊齿天门冬(泥兴柴玛没巴)、菖蒲(那保)、天南星(达哇)、西藏秦艽(解吉那保)、黄背栎(门恰热)、黄牡丹(白马赛保)、云南锦鸡儿(查玛)、宽筋藤(里只)、掌叶大黄(算摸)、圆穗蓼(邦然姆)、密花香薷(那保)、报春(相者色保)、云南黄芪(希塞嘎保)、虎耳草(松滴)、白刺花(机瓦)、小叶荆(古嘎布)、沙棘(达布)、越橘叶忍冬(庞玛)、藏马兜铃(巴勒嘎)、甘川铁线莲(机米扎波)、小叶栒子(擦追)、峨眉蔷薇(色瓦)、草血竭(拉冈永巴)、委陵菜(久迟)、高山唐松草(俄机久)、西南獐牙菜(帝答)、山莨菪(汤戳乃波)、大狼毒(滩怒)、西藏杓兰(独布将区)、甘青乌头(磅噶)、滇川翠雀花(雀贝果)、桃儿七(喂摸色)、瑞香狼毒(热加瓦)等。

二、大型哺乳动物

2000—2003 年，中国科学院昆明动物研究所和国际雪豹基金会在大自然保护协会的支持下，由白马雪山国家级自然保护区管理局、云南省林业科学院及当地的林业部门共同参与，开展了一系列旨在保护梅里雪山动物多样性的活动，其中包括整理该地区哺乳动物名录，并在可能的条件下，预测关键物种的种群数量，确定优先保护对象及保护策略。在整理动物物种名录的过程中，研究组综合了多种渠道的数据来源，包括国内外博物馆及标本馆保存的标本、尚未发表的原始调查数据、与动物学者、当地社区群众开展各种形式的交流讨论会等。在此基础上，2001—2002 年，中国科学院昆明动物所和国际雪豹基金会开展了针对大型哺乳动物的野外考察。到目前为止，该地区尚未开展过针对鱼类及无脊椎类的调查。通过初步考察，梅里雪山区域共调查到 67 种大型哺乳动物。重点保护野生动物有黑熊、棕熊、小熊猫、猞猁、云豹、林麝、黑麝、赤狐、藏狐、马鹿、苏门羚、斑羚、赤斑羚、岩羊、矮岩羊、盘羊、丛林猫、野猪、猕猴、狼等。

（1）黑熊，又称狗熊、老熊、猪熊、黑瞎子。体大肥壮，四肢粗短，耳大眼小，颈部短粗，具蓬松长毛，通体几为一致的油亮黑色。体重 200 千克左右，体长约 1.8 米。黑熊是林栖动物，在本区域主要栖于针阔叶混交林，也见于亚高山暗针叶林。在早春和入冬前在高山地带，夏季多在高山活动，冬季下到低地。黑熊为杂食性，以植物性食物为主，青草、鲜枝嫩叶、苔藓、地衣、蘑菇、松萝、浆果等均食，特别喜食野蜂和蜂蜜。由于传统药物中经常利用熊胆及熊掌，黑熊自 20 世纪以来数量减少较快，为国家二级保护野生动物。

（2）棕熊，又叫马熊或藏马熊，是熊类中体型最大者。外貌粗壮强健，成年体重达 400 千克以上，体长约 2 米，高约 1 米。头部宽圆，吻尖长，眼较小。耳大而圆，具黑褐色长毛。肩部明显隆起。尾甚短，常隐于臂毛中。体毛色彩变异较大，包括棕红、棕褐和棕黑。棕熊属喜冷性动物，多栖息在海拔 4500~5000 米的高寒草甸区，也见于亚寒带针叶林区和山间谷地。洞居独行，白昼活动。主食植物的幼嫩部分、昆虫和小型脊椎动物。

（3）小熊猫，俗称金狗、小猫熊、火狐，以其外貌似熊而小巧和头尾似猫却毛赤有名，体型略大于家猫，头部短宽，躯体肥壮。眼内上方各有一显著白斑。吻部突出，耳大前向，其前面具白毛。体重 4.5~6 千克，体长 0.56~0.73 米。尾粗毛蓬，长度超过体长之半，具淡棕黄与浅褐橙色相间的尾环，尾尖段淡黑褐。四肢短粗。小熊猫科系横断山-喜马拉雅的特有科，仅 1 科 1 属 1 种 2 亚种，主要栖息在海拔 2800~4000 米的针阔混交林或暗针叶林下的箭竹林和杜鹃林中，昼行，成对或单独活动，性温顺。以竹笋、嫩竹叶为主食，兼食其他少数植物和小型动物。小熊猫是名贵的珍稀动物，为国家二级保护野生动物，CITES 附录Ⅰ。

（4）猞猁，俗称草豹、猞猁狲、羊猞猁。体型较金猫略大，体重约

20 千克，目尖有笔状簇毛。具有完全骨化的舌骨，以此区分于大型猫类。头骨圆形，吻部短宽，鼻骨后端略超出上领骨后缘额骨高平；眶后突显著较长，颧弓宽而强健。总体腹毛长于背毛，通体毛色粉棕或灰棕，遍布不甚显著的淡褐色斑点。四肢显著较粗长，且后肢长于前肢。尾极短，一般不及后足长。猞猁属北方型种类，主要栖息于海拔 3000 米以上森林地带或林缘雪地。长耳及其笔状簇毛能准确地寻觅声源。性喜独居，多营夜行，也在晨昏活动。机警敏捷，善于攀爬，不畏风雪。主食小兽和鸟类。属国家一级保护野生动物，CITES 附录Ⅰ。

（5）林麝，俗称香獐、麝鹿、獐子、林獐。体较小，颈纹明显。背中高弓，肩、臀斜低。头短小、耳长大。颈长尾短。前肢短，后肢长。体重 10 千克左右，体长 0.6~0.8 米，颅全长 0.15 米以下，自吻端至眶前短于颅全长的 1/2。体被易脱落的粗硬脆性波状长毛。头骨短小，吻部较窄，鼻骨长直，泪骨短方，宽大于长。成兽体毛橄榄褐色，染污黄色调，体背深黑褐色、体侧色较淡。主要栖息于海拔 3000~4000 米的针阔混交林和暗针叶林。性喜独居，善攀爬跳跃，白天隐伏，晨昏活动。由于麝香是名贵药材，20 世纪 50~60 年代，德钦麝香年收购量达百余斤（包括高山麝的麝香在内），现今林麝作为稀有种甚至可能已处于濒危状态，国家二级保护野生动物，CITES 附录Ⅱ。

（6）黑麝，俗称黑獐子，体型大小和总体外貌与林麝相近似，但其喉部和颈侧无任何条纹和异色斑块或斑点。成年个体的体重约 11 千克、体长 0.73~0.8 米，耳长 80~98 毫米，尾长 20~40 毫米，后足长 0.23~0.28 米，颅全长 0.13~0.14 米，自吻端直至眶前区的面长为 64~70 毫米，一般短于颅全长的 1/2，体被易脱落的粗硬脆性波状长毛几呈一致的黑褐色。头骨短小，吻部较窄，鼻骨长直，且其最宽处在前部。栖息于海拔 3200~4600 米的高寒山区的暗针叶林、杜鹃灌丛和裸岩砾石区。独栖，白天隐伏，晨昏活动。喜食苔藓、松萝、嫩草、嫩枝叶和幼芽等植物。国家二级保护野生动物，CTTES 附录Ⅱ。

（7）斑羚，俗称青羊、野山羊、石羊。貌似家山羊略大，成体体重 25~40 千克，体长 1.2 米以下，尾长 0.14 米左右。有 1 条深色背脊纹，喉具块斑，尾毛蓬松帚状。四肢长，蹄狭窄，具足腺，悬蹄高。体毛粉栗褐，吻、须及额褐棕，颊和耳背黄棕，耳缘黑揭，耳内白色。鬣毛和背脊纹黑褐。四肢外侧毛色似体背，腋下至蹄浅棕黄，头骨短狭，鼻骨前尖，后入额骨，泪骨长而略凹，眶下脊直达泪骨下缘，下颌支冠状突甚高。多栖息于海拔 3000~4000 米以下河岸、山地多岩区。成对居，偶结群。常隐伏岩台或悬崖上，炎热时进岩洞或在垂岩下。听觉、视觉灵敏，善在岩区迅跳。晨昏活动，以嫩草、树叶和松萝为食。冬季交配，春末产仔，胎产 1~2 仔。国家二级保护野生动物，CITES 附录 I 。

（8）赤斑羚，又叫红斑羚、红山羊、红青羊。赤斑羚体长 0.95~1.05 米，肩高 60~70 厘米，体重为 20 千克左右。四肢粗壮，蹄子较大。雌雄均具一对黑色角，短而圆，向上后方倾斜，基部有环棱。体型与斑羚相似，但头部、颈、体背以及四肢均为红棕色，背部中央具有一条黑褐色的纵纹，比斑羚略显宽阔，腹面黄褐色，体侧稍显浅淡，体毛柔软，远看时有如赤狐一般，十分美丽。赤斑羚是典型的林栖动物，多活动在高山亚热带常绿阔叶林和针阔叶混交林内的密林深处较空旷或林缘多巨岩陡坡的地方。活动范围小而较固定，活动高度一般不超过林线上限。早晨和下午活动较多，一般成对或几只结成小群，外出觅食和饮水，主要以草本植物和树叶等为食。中午大多在隐蔽的石板上休息。1961 年确定学名，是世界上定名较迟的兽类之一。国家一级保护野生动物，CITES 附录 I 。

（9）矮岩羊，牛科岩羊属动物。体型中等，体长在 0.8 米以下，体重约为岩羊的一半，雄性体重 28~29 千克，体高 0.7~0.8 米，雌性更小。雄性角粗壮，自头顶略向两侧伸出，角尖向后微向上。雌性角短小较直，纵棱几乎不向外侧扭转，角从基至尖向外扭转约 180°。头骨前部狭窄，眼眶伸出侧面。前颌骨细长而尖，其上端与鼻骨相连，鼻骨后端粗大，前端趋于削尖。矮岩羊群居性，以草本植物为食，11 月发情交配，每胎产 1 仔，栖息于海拔 2400~4600 米的干热河谷、高山栎林、杜鹃云杉林、亚高山灌丛云杉林和高山灌丛草甸。矮岩羊群居性，少的仅 3~5 只，一般为 7~35 只，多见于冬季。黄昏要到比较固定的地方去饮水，冬季舔冰或食积雪。每年 6~8 月还有到固定地点去舔食盐分的习性。属中国特有，为国家一级保护野生动物。

三、鸟 类

梅里雪山鸟类从地理分布情况来分析，兼具古北界和东洋界两大动物区系特征，属中印亚界、西南区、西南山地亚区滇西北小区。本区域分布鸟类中，古北种、东洋种和广布种所占比例大致相等，而繁殖鸟中留鸟相对于候鸟占绝对优势。特有种较多，珍稀鸟类(属国家级保护鸟类)种类资源多样。本区域被鸟类学界认为画眉亚科和鹛亚科的起源地，也是亚种分发的中心地带。梅里雪山特殊的地理位置及地质地貌，决定了该区域独特气候要素和自然植被条件，随之相适应的鸟类分布因此具有明显的垂直地带性特征，即随着海拔高度和植被类型的变化，鸟类的分布也发生相应的变化。总体而言，主要有以下6种类型，即干暖河谷生境分布鸟类类型、暖性针叶林生境分布鸟类类型、针阔混交林生境分布鸟类类型、寒温性硬叶常绿阔叶林生境分布鸟类类型、暗针叶林生境分布鸟类类型、高山复合体生境分布鸟类类型。

(1)干暖河谷生境分布类型主要位于澜沧江河谷海拔2800米以下地带。由于气候炎热干燥，主要植被为稀疏灌丛和耐旱垫状植物，常见的鸟类有山斑鸠、大杜鹃、家燕、金腰燕、长尾山椒鸟、灰背伯劳、喜鹊、红嘴蓝鹊、大嘴乌鸦、黑卷尾、红胁蓝尾鸲、蓝额红尾鸲、北红尾鸲、红尾水鸲、大山雀、绿背山雀、红头长尾山雀、红胸啄花鸟、暗绿绣眼鸟、树麻雀等。

(2)暖性针叶林带生境分布类型处于海拔2300～3100米。随着海拔升高，空气温度逐步增加，植被类型从下部的干暖河谷稀疏植被过渡到云南松和高山松为优势树种的森林植被。常见的种类有红隼、环颈雉、楔尾绿鸠、山斑鸠、大杜鹃、中杜鹃、紫金鹃、戴胜、黑枕绿啄木鸟、赤胸啄木鸟、棕腹啄木鸟、星头啄木鸟、长尾山椒鸟、黑枕黄鹂、松鸦、红嘴蓝鹊、矛纹草鹛、褐翅缘鸦雀、棕眉柳莺、大山雀、红头长尾山雀、暗绿绣眼鸟、山麻雀、黑头金翅雀、朱雀、血雀、白斑翅拟蜡嘴雀等。

(3)针阔混交林带生境类型分布在海拔3000～3300米，主要顺沟谷分布，但空气湿度大，土层深厚，植物种类丰富。该地带常见的种类有松雀鹰、红腹角雉、勺鸡、黑啄木鸟、白腹黑啄木鸟、星头啄木鸟、松鸦、红嘴蓝鹊、星鸦、金色林鸲、北红尾鸲、白顶溪鸲、红头穗鹛、白点鹛、大噪鹛、棕头雀鹛、白领凤鹛、橙斑翅柳莺、冠纹柳莺、白斑尾柳莺等。

（4）寒温性硬叶常绿阔叶林生境分布类型起源于古地中海气候植被，海拔 2600~3400 米。以黄背栎、川滇高山栎为优势的壳斗科多种乔木、矮林、高灌、矮灌形成垂直植被，全球罕见。栎类坚果，给鸟类提供了充足的食物来源，特别是冬季。本生境记录到黑颈长尾雉、淡腹雪鸡、白马鸡、白腹锦鸡等多种珍稀保护雉类，以及多种山雀类、鸲类、噪鹛类、莺类、杜鹃类。

（5）暗针叶林带生分布于海拔 3500~4200 米，由长苞冷杉、苍山冷杉、川滇冷杉、中甸冷杉、急尖长苞冷杉等组成，基本保持原始状态。梅里地区的暗针叶林林相整齐，林层结构复杂，林间和林下有多种附生植物生长，给各种鸟类提供多样性生境，形成森林鸟类占绝对优势的特点。本生境鸟类分布有多种鹰隼类、雉类、杜鹃类、雨燕类、鸦类、鸲类、鸫类、噪鹛类、莺类、鹟类、山雀类。

（6）高山复合体生境分布于海拔 3900 米以上稀生植被至极高山冰雪裸岩地，由高山灌丛、高山草甸和高山流石滩组成。该海拔区域气候寒冷多风，稀冻严重，是横断区所特有生态系统类型。主要植物优势种有水柏枝、高山旱柳、窄叶鲜卑花、金黄杜鹃、紫晶杜鹃、红景天、雪莲花、岩梅、岩须、绿绒蒿、多种报春、多种龙胆、多种蓼。本生境常见鸟类有斑尾榛鸡、棕腹蓝仙鹟、灰头鸫、黑顶噪鹛、黑头鸫、棕腹林鸲、红喉歌鸲、白眉朱雀为代表的朱雀类、拟蜡嘴雀类、岩鸽、雪鸽、金雕。

四、两栖爬行类

横断山地区是全球物种分化和演化的中心，频繁的地质变动促进了物种的演化，造就了两栖爬行类很多局部特有物种。2015 年以来，中国科学院昆明动物研究所车静教授团队对澜沧江上游部分两栖爬行类动物进行了局部考察，并发现了翡翠龙蜥、帆背龙蜥、澜沧蝮、胫腺蛙、刺胸齿突蟾等重点保护物种，其中翡翠龙蜥和帆背龙蜥均是最近几年才被正式命名。

翡翠龙蜥是云南省特有濒危爬行动物，属于小型鬣蜥，全长 20 厘米以下。雌、雄颜色截然不同。雄性翡翠绿色、喉部有蓝色斑块；而雌性则是棕黄色或黄绿色、喉部有黄绿色斑块，是中国龙蜥属中颜色最为艳丽的物种。翡翠龙蜥分布于西当村以南，至与维西县交界的澜沧江低海拔干热河谷的灌丛石堆及林缘地带，包括雨崩徒步路线至雨崩河口的低海拔区域。常在晴好天气时见于石块上。卵生，一年产卵一次，繁殖季节在 6~8 月，每次产卵 6 枚左右。列为国家一级保护野生动物。

帆背龙蜥为我国特有爬行动物，于 2015 年才被正式发现。与翡翠龙蜥相似，也属于小型鬣蜥，全长 20 厘米以下。雌、雄体色也有明显差别，雄性黑褐色，躯干带有两条白色或米黄色纵纹，且背脊中部沿身体有一个发达的帆状皮褶。雌性则是土黄色或青灰色，带有白色横纹和不清晰的橘红色纵纹，无帆状皮褶。生活习性与翡翠龙蜥相似，分布于西当村以北至西藏边界的澜沧江低海拔干热河谷的灌丛和石堆中。卵生，繁殖习性与翡翠龙蜥一致。列为国家二级保护野生动物。

翡翠龙蜥作为云南特有且极有特色的濒危爬行动物，它最初的发现地就位于梅里雪山脚下的尼农村，由于其分布范围极其狭窄，全球仅分布于我国云南省澜沧江上游(德钦县和维西县)低海拔干热河谷中。受栖息地人为活动影响，此物种受威胁程度极高。依据世界自然保护联盟(IUCN)红色名录，翡翠龙蜥的评估等级为濒危(EN)。帆背龙蜥在云南省属于狭域分布特有种，全球仅分布于我国西藏芒康县和云南省德钦县的澜沧江干热河谷中，而云南省范围内则仅分布于德钦县。依据世界自然保护联盟(IUCN)红色名录，帆背龙蜥的评估等级为易危(VU)。

第四章 ▶▶▶
社区现状

德钦县梅里雪山部分位于云南省德钦县西部，主要覆盖升平、云岭和佛山 3 个乡（镇），涉及阿东、巨水、斯农、西当、红坡、查里桶、果念、溜筒江和鲁瓦 9 个行政村和阿墩子 1 个社区。根据 2020 年年末统计，共有人口 15841 人，农户 3938 户。

第一节　升平镇

一、阿东行政村

（一）概　况

阿东行政村位于德钦县城北部约 50 千米处，其中，国道约 30 千米，村级公路约 20 千米。阿东村东邻阿墩子街道办事处，南接云岭乡，西临佛山乡，西北部和西藏接壤。阿东河贯穿全村，产生 5 处高落差，提供了丰富的水利资源，在子都村民小组附近建有小型水电站。全村的森林、草场面积广阔，森林资源丰富，主要树种有冷杉、云杉、桦木、干香柏、澜沧黄杉等，林副产品主要有松茸、虫草等各种菌类和药材。森林资源的垂直分布明显，河谷地带植被稀少，多为灌木，中海拔地带是森林的主要分布区，夏季草场位于高海拔地带。阿东河西岸的河谷地带植被较东岸少，表土大部分裸露，水土流失较为严重。全村常发生一些小的泥石流灾害，1997 年和 1998 年发生过冲毁房屋及农田的泥石流，上片的立英和荣布两个自然村受威胁较大。

春夏季高山杜鹃、秋季漫山红叶、四季奔流不息且清澈见底的阿东河，远处隐约可见的雪山，加之上片的鸡仙洞、下片的温泉，较为便利的交通条件，是开展生态旅游的理想区域。此外，阿东村还拥有较为悠久的历史和丰富的文化传统。这里是茶马古道和梅里雪山外转经和内转经的必经之路，在新中国成立前曾是德钦的政治与文化中心。原地名为"德不忘"（藏语，意为吉祥如意），新中国成立后改名为阿东。目前，村中还有一些传统工匠、传统艺人。这里还被称为德钦锅庄、弦子文化的重要发源地，村民善跳锅庄、弦子。农历三月初一至初十的射箭节是本村的一个独特传统。节日期间，全村人们身着节日盛装，白天男子在箭场射箭，展示技艺，晚上人们则相聚一堂，尽情享受歌舞的乐趣。

（二）社会经济

阿东村辖 16 个村民小组，共 2210 人 450 户。按村落的聚合分为上、中、下 3 个片区，村民多居住在中片和下片。下片有子都、娘义、青龙贡、说农和娘瓦 5 个村民小组，海拔高度为 2300~2700 米，各村落分布集中，但子都分布较远。中片距下片约 6 千米，海拔为 2600~2900 米，有阿东新村、古打、安中、都拉、贡卡和直仁 6 个自然村。除古打外，其余村分布在阿东河西岸，村委会位于中片。上片距中片约 3 千米，海拔为 2800~3100 米，哇哈、高仁、其卡分布集中，而立英和荣布距离这 3 个自然村落约有 2 千米。

阿东是德钦县松茸、虫草主产区和主要畜牧区，松茸和虫草的采集占据农户经济收入中的很大比重，其余的收入来自畜牧业、经济林果（核桃、梨等）和农业、手工业，有少量村民外出打工。近年来，随着轩尼诗香格里拉（德钦）酒业有限公司入驻该村办厂，葡萄种植成为本村许多农户的最主要收入来源。

各片区的经济发展有各自的特色和侧重点，下片由于海拔低，较适于发展经济林果种植，目前的主要经济作物有葡萄和梨。上片由于森林和草场面积较大，农户虫草和松茸收入较多。上片的畜牧业在全村最为发达，农户牲畜饲养量平均在 10 头以上。过去村民养藏獒是为了看守牧场，2005 年开始农户自发增加饲养的数量，上片区每家养 2~3 条。2010 年后，受国内市场影响，目前养獒业处于停滞状态。中片的农业生产与经济活动介于上片和下片之间，核桃是主要经济作物。

(三)自然资源及其利用

1. 耕地资源

全村水浇地主要分布在阿东河边的村落附近，20 世纪 80 年代联产承包责任制后，已分到各家各户。主要种植作物有玉米、小麦、青稞和荞麦等。农田灌溉设施较为落后，村民砍木料制作引水渠，但水源分散，沟多、引水路长，建造灌溉设施成本较高。旱地分布在半山区，主要用于种植青稞、小麦、洋芋、蔓菁等，由于牲畜多，时常踩踏作物，管理难度较大。有些农户因为劳动力有限，将时间和精力放在了林副产品采集上，对旱地管护较少甚至弃荒。2002 年，实施退耕还林项目后，全村大部分陡坡旱地实现了退耕。退耕后的土地，在下片主要用于种植葡萄和核桃，中片和上片种植核桃。

2. 林地资源

阿东村集体林由全村和各村民小组集体使用。全村对森林资源的利用，有以松茸为主的菌类、虫草、当归为主的中药材，建筑用木料和薪柴。村民利用的主要薪柴为各类高山栎。高山栎属常绿阔叶树种，主要分布阿东村在 3000~3500 米的阳坡地带，临近村庄的高山栎，主要为黄背栎萌生灌丛。随着海拔的上升，逐渐出现矮林态川滇高山栎，干扰较少的较高海拔出现乔木态高山栎，并与云杉等针叶林混生。松茸分布的海拔高度为 3300~3800 米，多分布于高山栎与云冷杉混交林，虫草分布在 4900 米以上的高山草甸上。村民建筑用木材主要为云杉、冷杉、松树、桦木等，多取自 3400~3700 米的中山地带。香柏是特色树种之一，分布段海拔多低于 3200 米，香柏枝多用于藏民"煨桑"(烧香)。

村民可在整个阿东行政村范围的山林中采集松茸、虫草、菌类、药材等林副产品，这些资源由整个行政村集体共同使用。对于薪柴及建筑用材，各自然村划分了片区，村民只能在属于自己村民小组的山上进行薪柴和建筑用材的采集和砍伐。虫草是村民最主要的经济收入来源，村民在每年的 5 月至 6 月下旬挖虫草，尚未采取措施规范采集行为，随着挖虫草人数的增加，虫草资源逐年减少。虫草多布在海拔较高的高山草甸，这里也是全村的夏季牧场，且多为各村的水源地。每年 7~10 月为采集松茸的季节，松茸产量在 1988—2000 年间有所减少，之后又有回升。为了保护松茸资源，阿东村制定了村规民约规范村民的采集行为，主要规定：小于 5 厘米的幼菌不准挖，不准带铁具，不准扒腐质层，周日不准采集等。为了监督村民的采集行为，阿东村还成立了松茸市场管理委员会，委员会由各村民小组的组长、妇联委员等 15 人组成，规定村民只能在本村销售松茸，由委员会联系收购商前来收购，由农户和收购商协商价格进行交易。

阿东村药材资源丰富，有贝母、雪茶、雪莲、当归等药材 100 余种，但除藏医外，村民对药材了解不多，较少利用。在采集松茸的同时，村民偶尔也采集一些其他菌类如羊肚菌等。这些菌类，大部分自己食用，剩下的少部分用于销售。村民主要将各种高山栎、桦树等作为薪柴，用于做饭、煮饲料、取暖，每年村民集中采集一次。2005 年后全村推广使用太阳能热水器，节省了部分用于煮饲料和烧水的薪柴，每年每户平均节省约 2 吨薪柴。少数不用太阳能热水器的农户，对薪柴的消费量仍然较大。村民必须在各集体的社有林中采集建筑用木材，距离通常在 8~10 千米，村民的房屋均为夯土式木结构藏式房，平均建筑面积往往不低于 300 平方米，需要的用材量在 50~100 立方米不等。采伐建筑用材需要根据各村分配到的指标向林业部门申请采伐证。

3. 草场资源

阿东村是德钦县重要的畜牧业生产基地，全村草场面积较大，主要分布在海拔 3800 米以上的高山地带。村民每年 5 月中旬左右将牲畜迁移到山上的夏季牧场，向上迁移过程约 1 个月。在夏季牧场的放牧一直持续到 9 月中旬左右，然后回迁。近几十年以来，夏季牧场高山草甸上以杜鹃科为主的灌丛面积扩大，影响了牧草的生长，降低了夏季牧场的载畜量。由于防火方面的政策规定，村民们无法再使用传统的焚烧的方式来促进草场生产量的提升。

4. 水利资源

阿东河贯穿全村，水量大，有 5 处落差，沿河原来有 1 处小型电站，沿河居民的生活废水直接排入河中，沿河无工业。

5. 资源利用的历史演变和保护

阿东村的自然资源的分布和利用在历史上经历了几次变动，20 世纪 60 年代"农业学大寨"时期，全村森林面积减少较多；80 年代开始，随着国家加大生态保护的力度，通过神山等传统保护方式，村民的环境保护意识逐渐提高，但由于经历了 5~6 年的商品林采伐，全村森林资源减少程度较大。90 年代天然林资源保护工程实施后，特别是 2002 年起实施了退耕还林以来，全村森林植被逐渐恢复，林地面积不断扩大。阿东村的森林也是滇金丝猴等野生动物的重要栖息地。森林质量的提升，促进了野生动物的保护。

二、阿墩子社区

(一) 概　况

阿墩子社区共 2215 人 790 户，阿墩子社区的农业人口主要分布在谷松、中街和上街 3 个片区。上街和中街位于德钦县城附近，谷松位于县城以北约 5 千米，有村级公路相连。20 世纪 80 年代原来承包到各户的自留山，后来又陆续收回，由集体统一管理。集体林环绕村落，树木葱郁，秋季满山红叶。只曲河流经谷松和中街，由于地势较陡，雨季多发泥石流，淤积河道。位于谷松的德钦林寺是藏区的名寺，每年都有大量藏民前来烧香祈福。位于上街上部的贡卡湖是县城及附近居民夏季郊游、露营的主要休闲地。

(二) 社会经济

谷松片区的村民通过松茸、虫草等林副产品采集获得较多的经济收入，中街和上街的村民从林副产品所获的收入较少。谷松片区的畜牧业规模在平均每户 10 头左右，上街每户饲养 5~7 头，中街规模最小，户均 2~3 头。3 个片区农户普遍采用以户为单位的放养模式，冬季在家中的村落附近放牧，夏季(4~9 月)迁到高山牧场。中街和上街由于临近县城，日用品销售、小手艺品加工等也是部分农户的重要收入来源。另外，由于只曲河的泥石流每年冲下大量泥沙，捞河沙成了中街村民的又一收入来源。

(三) 自然资源及其利用

1. 林产品和林副产品

虫草和松茸是村民利用最多的林副产品，也是最主要的收入来源。谷松片区的林副产品采集量最大，上街其次，中街的采集量小。3 个村的村民都可在社区的集体牧场采集虫草，但松茸按村民小组划分片区，只能在自己的片区中采集，若有外村到本村的山林挖虫草和松茸，则会引起不必要的冲突。村民对其他林副产品的利用不多，除去部分自用外，每年还有少量羊肚菌等菌类供出售。村民所用的薪柴主要在各村民小组的社有林中采集，每村有限量和乡规民约规范采集行为。建筑用木料在国有林中采伐，并需向林业部门申请采伐证。

2. 草场资源

牧场主要分布在村东及东北部，属社区集体所有，用于夏季放牧，利用时间为4~9月，这里也是挖虫草和采药材主要场所。牧场无专人管理，牧草依靠天气条件自然生长，雨量多的年份牧草生长情况好，畜牧业收入自然增加。

3. 其他资源

谷松片区农田约160亩，中街和上街由于位处县城边，大部田地已被征用为各机关单位用地。农田均为旱地，主要种植青稞、小麦和蔓菁。由于海拔高气温低，土地单位产量较低，正常年份收成约为每亩250千克。退耕还林后的土地用于种植生态树种，直接经济效益较低。只曲河发生泥石流时带下大量河沙，采沙点在中街村西3千米处，由中街村民利用。

4. 特色资源和潜力资源

五味子具有药用和经济价值，可在退耕还林地中进行套种，人工种植难度不高，可成为村民的一个新的经济收入来源。距谷松村落2千米处的山林中分布有建筑用的红色和白色毛石，适用于修建具有古城风格的石板路。贡卡湖是县城居民常去的休闲地，景色优美，具有景点开发的潜力。

5. 资源保护

阿墩子社区的主要神山有生开贡、朱喇贡、贡卡通、不碰贡、扎左贡、特拉卡、尼扎拉等。村民对神山的敬奉使得神山上的资源得到了较好的保护，和其他山相比，神山上的植被更茂盛浓郁。另外，为了恢复生态环境和保护水源，各村制定了乡规民约，对薪柴采集的方式、数量进行了限制。村民需要用其他能源如电和太阳能补充薪柴的不足，经济收入不高的农户对燃料需求的压力较大。

三、巨水行政村

(一)概 况

巨水行政村辖 16 个村民小组,共 1929 人 361 户,主要包括贡子顶、其子水、飞来寺、雾浓顶、谷久农、拉水、纽贡、贡水、里任卡、丁羊丁、巨水、次安水、茸顶等自然村。

贡子顶和其子水距县城约 14 千米。以前由于全行政村都到贡子顶砍伐建房木料,林中已没有较大径级的木材。受地理位置影响,村庄泥石流威胁较大。2006 年,曾遭受较为严重的冰雹灾害,农田和核桃损失严重。农田受虫灾和野生动物破坏的情况也时有发生。

飞来寺村距离县城 10 千米。村中有著名的飞来寺和梅里雪山观景台,是梅里雪山区域的主要景点之一,每年有大量游人前来,旅游业是全村的主要产业。森林资源丰富,有多种林副产品,特别是松茸,附近的一些村子都来此采集。缺水是村子面临的问题之一。里任卡和丁羊丁位于县城到飞来寺的路上,在此可欣赏梅里雪山景观,但游客不在此停留,因而没能形成旅游经济。村庄附近植被主要为灌木丛,无河流流经村庄。

雾浓顶村位于距县城 10 千米处,植被覆盖良好,有观景台和文化广场,是全县举办群体活动的主要场所。谷久农与拉水村为邻。各机河流经村庄,河上曾建有一小型电站。全村集体林植被覆盖好,景色优美,在村中可欣赏梅里雪山景观。拉水村位于白马雪山山麓,森林植被条件好,秋天景色优美,是白马雪山自然景观重要组成部分。"拉水临"自白马雪山流下,但村民无法利用此河流。该村在民国时期由于在此修建邮政局线务站而形成,村民的习俗和县城居民相近,受汉文化影响较大。

纽贡村距离县城 9 千米,与贡水村为邻。森林资源丰富,植被覆盖好,邻近村庄居民会利用纽贡的集体林资源。三岔河流经该村,但只能为下片提供水源。为了节约资源,控制户数,按照本村规定村民不允许分家。德钦河流经贡水村民小组,但由于水质原因,只能用作灌溉水。贡水村植被覆盖率较低,与其他村庄相比,无依托梅里雪山的景观资源。

巨水和次安水位于原老县城下方的河谷中,目前新县城搬迁到此地。茸顶村位于巨水和次安水上方的半山腰。由于地处河谷,这里植被稀疏,森林资源非常有限，这几个村庄都需要利用其他村的自然资源。新县城搬迁，为这些村庄提供了更多的就业和增收途径。茸顶的其顶阁是卡瓦格博转经路线的起点。

（二）社会经济

农业方面，主要种植作物有玉米、小麦、青稞，亩产在 200～300 千克，均采用传统的耕作方式，作物的生长基本上依靠自然条件，因而各年的收成差异较大。粮食生产属自给自足，主要用于自家口粮和牲畜饲料，除了一些农户酿酒少量出售外，很少创收。另外，大部分农户还要购买大米等本地不能生产的必要粮食。巨水和次安水两个村民小组近年发展了大棚蔬菜，越来越多的农户安排出一部分田地，用于种植蔬菜，且面积有扩大的趋势。

多数村民小组的牧场距离远，畜牧业规模较小，基本上是生计型。畜牧业是谷久农、拉水、巨水、次安水、茸顶少数几个村民小组的重要收入来源。除飞来寺由于劳动力主要投入到旅游业中而很少采集松茸和虫草外，其他村民小组都以松茸和虫草采集作为一项主要的收入来源。自2002 年开始，旅游业成为飞来寺村的主要收入来源。飞来寺旅游收入主要来源于住宿和餐饮收入。旅游业不仅带来较好收入，也改变了村民传统的产业模式，从过去的传统农牧业和林副产品采集业转变到服务业。其他村庄，如雾农顶近年来也获得了部分旅游业收入。各村民小组基本都有村民从事运输业，并成为许多农户的主要收入来源之一。新县城搬迁以来，巨水和其他几个临近村庄从其他服务业获得了较多的收入。

（二）自然资源及其利用

实施天然林资源保护工程后，村民砍伐建筑用木材需要到政府林业部门办理采伐证，并有木料数量和建房户数的限制。贡子顶、其子水、谷久农、纽贡、拉水可在本村集体林中砍伐，其余村民小组要到其他村去砍伐（交山本费）或购买。村民做饭、煮饲料、取暖都要用到薪柴，在使用太阳能和（或）沼气的村子，不用再煮沸饲料而是用热水拌饲料，可省下一些薪柴，但对薪柴的需求量仍然较大。林副产品是村民的生产生活高度依赖的自然资源，主要是松茸、虫草和数量不多的其他菌类和药材。为了保护松茸和林木，多数村民小组都制定了村规民约限制砍伐。松茸和虫草是多数村民的主要收入来源，采集量较大。目前，多数村民小组对松茸资源采取了社区共管的方式，制定了乡规民约规范采集行为。但对于虫草还无较为可行的管理办法，村民多到白马雪山集体牧场上采挖。全行政村共用牧场资源，位于白马雪山，距离较远。虽然面积大，但管理措施仍然较为滞后。各村民小组都有面积不等的退耕还林地，主要用于种植生态树种，一些村民小组在房前屋后都种植了核桃等经济林木。

贡子顶、其子水、飞来寺、雾浓顶、纽贡、贡水的松茸生长量较大，是特色资源，雾浓顶和贡水的虫草也较多，另外，拉水有丰富的藏药资源。农户无论经济条件如何，居住的房屋都比较大且喜欢木结构为主的房屋，而木料的获得越来越困难，一些村民开始建砖瓦房，可以减少对木料的用量。对薪柴的大量需求也给各村民小组带来了程度不等的生态环境问题，故而相继制定了村规民约限制薪柴砍伐和采集，替代能源项目特别是太阳能的建设，补充了薪柴量的不足。在有替代产业的地方，如飞来寺和雾浓顶发展旅游业，巨水和次安水发展大棚蔬菜和运输业，对自然资源的依赖程度有所减少，出现了从注重森林的经济功能向生态、景观功能的转变，但在其他的村民小组，今后一定时期内对森林资源的依赖依然较大。各个村民小组都有神山并实行封山，神山的生态和资源得到较好的保护。

自然资源分布和数量发生变化受国家政策和相关项目的影响较大。如"农业学大寨"期间号召开荒种田，使得森林面积减少较多，而2002年起实施的退耕还林和退牧还草扩大了林地面积，植被开始得到恢复。一些地方建设项目，如扩建214国道、新县城的扩建等都造成了对周围环境一定程度的破坏。为了保护日益减少的资源和减轻自然灾害的威胁，很多自然村自发进行封山育林和设立神山，使资源和环境得到了一定程度的恢复和保护。

第二节　云岭乡

云岭乡位于德钦县西南部，地处澜沧江峡谷，东邻奔子栏，西靠梅里雪山，北与佛山乡、升平镇分水岭为界，南与燕门乡毗邻，辖斯农、西当、果念、红坡、查里桶五个行政村，共有39个村民小组，2020年年末总户数为 1191 户，总人口数为 5845 人。

一、斯农行政村

(一)概　况

斯农行政村辖明永、期农、知拉、布村等 7 个村民小组。共 1074 人 225 户。明永村民小组距离县城约 40 千米，居民点平均海拔约 2200 米。全村自然资源丰富，森林植被良好，很多国家一、二级保护野生动、植物分布于此。著名的明永冰川位于该村上部。由于明永是卡瓦格博内转经路线的重要节点，加上冰川的壮丽景观，每年都吸引成千上万的游客与朝圣者来此游览与朝拜，是梅里雪山的核心景区。斯农村民小组距县城约 50 千米，居民点平均海拔 2300 米。斯农村分一社和二社，全村林地面积大，植被覆盖良好。村落距雪山距离 5 千米，饮用水源来自雪山融水。期农冰川海拔高于明永冰川，周围有冰湖、原始森林和瀑布，具有非常好的景观条件。据村民言传，《消失的地平线》一书中描述的飞虎队飞机残骸有的散落在冰川上。斯农热巴全藏区闻名，据说有驱魔意义，是一项有着悠久历史的舞蹈形式。布村位于澜沧江东岸，距县城约 30 千米，居民点平均海拔 2200 米，全村森林资源丰富，植被覆盖良好。

(二)社会经济

布村和斯农村民小组主要种植青稞、小麦、玉米，属于生计型，由于近年来推广种植葡萄，粮食作物的种植面积正在减少。布村从 2001 年开始种植葡萄，葡萄出售及酿酒成为村民的主要收入来源。种植葡萄需要使用化肥和农药，与传统的粮食作物相比，对化肥和农药的依赖较大。斯农自然村和明永也有部分农户从事葡萄种植。全村畜牧业规模较小，也少有收入，随着粮食作物种植的减少，畜牧业发展的规模相应受到制约。布村和斯农核桃种植较多，也是一项收入来源。两村也有村民采集松茸，但数量较少。旅游业是明永的主要产业，村民以前主要提供游客牵马服务，近几年开始通过从事景区服务获得稳定收入。

(三)自然资源及其利用

实施天然林资源保护工程后，村民砍伐木料需要到政府林业部门办理采伐证，并有木料数量和建房户数的限制。各村民小组有固定的采伐范围，2005 年前规定每户每 15 年后可提出申请建房，用木料不超过 120 根。后来，相关部门对建筑用材采伐的要求更加严格。近几年来，明永等经济条件稍好的村庄的房屋结构逐渐由木结构转变为砖瓦结构，对木料的需求逐渐减少。村民做饭、煮饲料、取暖都要用到薪柴，采集时间集中在每年 11 月至翌年 1 月。林副产品主要是松茸、虫草和数量不多的菌类和药材。村民采松茸和虫草的不多，特别是明永村民小组主要从事旅游业。

明永冰川是云南省规模最大、末端海拔最低的山谷冰川。整个冰川南北延伸约上千米，呈一个巨大的冰雪凹地，夏季晴天，冰雪融水汇集成湖。在明永冰川的南侧，为一条北东走向的山岭，有几个残留的山顶面，向北东倾斜，其海拔约为 5500 米。平顶山岭上覆盖冰雪形成一个冰帽，西坡冰雪流入明永冰川大粒雪盆南侧的冰雪走廊，北坡冰雪流入悬崖下形成了 5 个悬冰川和再生冰川。明永冰川和其临近的期农冰川，由于冰面地貌形态千变万化，构成了滇西北独特的冰川奇观。

葡萄是布村等村的特色资源，自 2001 年开始种植，主要用于酿酒，已成为村民的主要收入来源之一。布村分布有一片面积近 1500 平方米的古柏林(干香柏)，该片树林已有超 800 多年的历史，平均树高达 40 多米，有些古柏树高近 60 米。由于村民将这片林视为圣林，严禁砍伐，是该区域目前为止发现保存最完整的古香柏林。明永冰川是重要的自然景观和旅游资源，同时又与宗教习俗相关。斯农有冰川、冰湖、原始森林、牧场和瀑布，具备良好的景观条件，有较大的旅游开发潜力。

二、西当行政村

(一)概　况

西当行政村辖 9 个村民小组，共 1180 人 266 户，包括西当一社、西当二社、荣宗一社、荣宗二社、荣宗三社、尼农村、扎龙村、雨崩上村和雨崩下村。西当村位于澜沧江西岸，距县城约 40 千米。全村森林面积大，资源丰富，植被覆盖率高。村内有一小型温泉，西当河从西当与荣宗两个自然村中间流过，为当地人的饮用水源。

(二)社会经济现状

西当各村主要种植青稞、小麦、玉米，单产 300~500 千克，属于生计型，用于农户口粮和牲畜饲料。荣宗各社自退耕还林实施后开始种植葡萄，但经济效益尚有待提高。畜牧业属生计型，饲养规模小，收入有限。荣宗、西当村庄附近生长的核桃树较多，是村民一项固定的收入来源。西当一社和二社的村民松茸采集数量不多，收入也较少，但松茸却是荣宗的主要收入来源之一。梅里雪山雨崩徒步旅游线路的开发，为雨崩上下两村及西当两社带来了非常丰厚的经济回报。雨崩村主要旅游经济收入有牵马收入、家庭旅店住宿收入、家庭旅店餐饮收入。西当村主要收入为牵马收入。

（三）自然资源及其利用

该村原来建房用木材主要取自集体林，距离村庄 5~10 千米。村民生火做饭、蒸煮饲料、取暖都要用到薪柴，采集时间集中在每年 11 月至翌年 1 月。太阳能热水器的推广，使农户薪柴使用量大为减少。主要林副产品为松茸、虫草和羊肚菌，在集体林全行政村人员均可采集，但有时在采集中，各自然村间存在一定的冲突。西当社很少有农户将采集松茸作为创收来源。松茸是荣宗村农户的主要收入来源，松茸采集地距荣宗 5~10 千米，7~8 月底为采集松茸期，4 月底采集羊肚菌。

西当村夏季牧场，属集体所有，每年夏季(5 月底至 10 月初)使用。由于牧场较小，无法满足全村放牧的需求，需要租用邻近村庄的牧场。每年修建牧棚需要砍伐少量木材，对牧场周围森林造成了一定的破坏。西当温泉附近的河水，水质优良，富含多种矿物质元素，有较大的开发潜力。核桃是荣宗社的特色资源，已成为村民固定的收入来源之一。村中的部分荒地可用以扩大经济作物种植，但灌溉条件需进一步改善。

农户无论经济条件如何，都比较喜欢居住面积较大的木结构房屋，建房户均用料约 120 根木材。村民对薪柴的需求量较大，替代能源特别是太阳能热水器的使用减少了人们对薪柴的依赖，但是随着旅游业的发展和游客数量的增加，燃料需求加大，需要有进一步发展替代能源解决薪材问题。由于西当两社和雨崩村主要从事旅游业，村民渐渐改变了传统的生产方式，对自然资源的直接利用程度有所减少，且出现从注重森林的经济功能向生态、景观功能的转变的趋势。西当社为了保护本村森林，甚至规定马道上下 50 米范围内禁止砍伐林木。荣宗社早在 20 世纪 80 年代开始，就对部分林地实行封山育林，全村环境得到了较大程度的改善。

三、查里桶行政村

查里桶行政村位于云岭乡南部，距乡政府所在地约 11 千米，地处梅里雪山东南边缘，东部与红坡村接壤，西与贡山县相连，南邻燕门乡，北接升平镇。全村辖 8 个村民小组，共 1344 人 288 户。

永仁村民小组位于永支河入口处，居民点位于澜沧江边，属干暖河谷地带，植被以亚热性干暖灌木为主。永仁是一个搬迁村，原来村民居住在附近半山地带，由于气候条件较差，田地少，40 年前搬迁到此，目前仍有部分水浇地在半山区，村子的山林和牧场主要分布在澜沧江东岸。

永支村由 3 个社组成，共 102 户。永支一社和二社位于永支河边，距永支河与澜沧江的汇合处约 6 千米，主要居民为藏族。村民的生产生活用水来源于永支河，河上建有永支河水电站，以前曾是云岭和燕门乡用电的主要输送地。由于生态环境优良，植被类型丰富，2002 年联合国教科文组织相关专家到此考察，为成功申请"三江并流世界自产遗产"发挥了重要的作用。全村耕地面积较小，种植业的发展受到限制。村庄每年都受到一些灾害的影响，如大小春时的虫灾，3~4 月的雪灾。永支村还是一个长寿村，老年人多早起念经，村民认为这是长寿的主要原因。

永支三社位于永支河上游，距一社和二社约 3 千米，多数为傈僳族。社区的植被覆盖良好，大树参天，林层丰富，郁闭度高。这里是德钦至贡山的必经要道，新修建的德钦–贡山公路从此经过。有 3 条雪融化后形成的小溪经过村子汇入永支河，村子的水源充足，但田地很少，人均只有几分地。据说，三社最早定居的是两户藏族。约从 170 年前起，陆续有傈僳族从贡山迁入，通过族内通婚，逐渐形成以傈僳族人口占大多数的村庄。目前，三社的生活习俗和信仰大多已藏化，房屋风格、服饰、生活习惯等基本都是藏式，除少数村民信仰佛教外，大多数村民没有严格宗教信仰。村民都能用藏语交流，平常交流仍然习惯使用傈僳语。三社村民和一、二社相处融洽，共同使用山林资源。

查里桶、查里顶、羊咱和永久四个村民小组位于澜沧江边，属于干热河谷，植被以灌丛为主，每年 5~6 月易发生泥石流，大春时节的风灾对各村影响较大。查里顶有支仁塔寺,位于外转经路线上,属红坡寺的下属寺庙,此寺由四个自然村共同管理,每个自然村派一个人参加寺庙管理。此外,自然资源也由四个自然村共同使用和管理。

全行政村主要粮食作物为青稞、小麦、玉米,永仁村民小组还种植荞麦,属于生计型,用于口粮和牲畜饲料,永支三个社的粮食普遍不够,需部分从外地购买,永仁村民小组有少量葡萄种植。查里桶、查里顶、羊咱、永久等几个自然村有一定规模的畜牧业,可通过出售酥油获得部分现金收入。畜牧业是永支三个社的主要收入来源之一,永仁村可通过核桃果实出售获得一定的经济收入。松茸和虫草是查里桶、查里顶、羊咱和永久的主要收入来源,永仁和永支一、二社有花椒种植,永支三社有养蜂传统。沿转经线路的行李驮运和向导服务是查里桶几个村民小组又一现金收入来源。

永仁的松茸分布较少,要到永久和查里顶的山林采集。永支一、二社的松茸采集地距离村庄3~5千米,所采集量较小。查里桶、查里顶、羊咱、永久四个村民小组的松茸多数分布在永久,由四个村共同使用,是有名的松茸产区,松茸生长期长。四个村民小组的虫草主要分布在查里顶,四个自然村共用。永仁村夏季牧场面积不大,不能满足村民的放牧需求,要在别村的牧场上放牧。永支夏季牧场面积较大,三个社的村民共用,附近村社和燕门乡的一些人也来此放牧。查里桶和羊咱没有划分山林,使用永久和查里顶的牧场。永支村还有茯苓、重楼、羊肚菌等其他林副产品。

四、红坡行政村

红坡行政村位于云岭乡东部的高山地带,东以白马雪山山脊为界与奔子栏接壤,南与燕门乡毗邻,西面与北面与果念行政村相连,本村共辖7个村民小组,共920人195户,全村共有耕地794亩,森林覆盖率达60%以上。产业以半农半牧为主,著名的藏传佛教寺院红坡寺位于该村。

贡坡村民小组距县城约30千米,与果念村为邻。在开采石棉矿前,森林资源丰富,植被较好,1958—1985年间,由于红坡石棉矿的开采,大量树木被砍伐,导致林木减少。本村林副产品较少,村民也很少采集,村中也没有牧场,要到别村的牧场放牧。村中有一处水源和2个小湖泊,基本能满足人畜饮水的需求。

那佐村民小组与羊咱和日仔村民小组为邻，平均海拔 2800 米。全村森林资源丰富，牧场面积较大，林副产品采集和畜牧业为主要收入来源。有一条河流经村子，为人畜饮水来源，但水量小，不能满足灌溉需求。

红坡村民小组离乡政府约 12 千米，平均海拔 2700 米。林产品丰富，数量多，动植物种类也较多。有一条河流流经村子，能满足人畜饮水需求，但夏季水量大，易引发泥石流。村中有著名的红坡寺，大部分藏民会在春节期间到寺庙朝拜，农历九月十七到十九，寺中还举行传统的格冬节(跳神节)活动。

五、果念行政村

果念村位于云岭乡中部，地处澜沧江月亮湾大峡谷，有未开发的巴里达冰川和丰富的雪山、草甸、湖泊等旅游资源，村委会辖 8 个村民小组，共 1327 人 217 户。

果念村民小组距乡政府约 4 千米，位于旧茶马古道上，澜沧江流经此地，形成了著名的澜沧江大拐弯。由于村庄地处干热河谷，植被覆盖少，雨季易发生滑坡。过去这里以纳西族为主，村民 4~5 代前是纳西族，后来和藏族通婚，并逐渐开始讲藏话，现在生活习惯已完全藏族化。

久农顶村民小组有 30 余户，20 世纪 50 年代，部分无土地农民搬迁至此形成了这个村落。搬迁至此时，山林已划定好，所以当时小组没有集体林和牧场，薪柴和木料都要购买，松茸也到其他村采集。斯永贡一社、二社距离乡政府约 10 千米，森林资源较为贫乏，植被覆盖率低。村中有一处温泉和一处富含钙质泉源。

佳碧村民小组位于乡政府下方约 12 千米处，海拔 2380 米，与日仔、久农顶、果念、查里桶为邻。村庄附近森林资源丰富，动植物种类多，有一条河流经村子，月亮湾位于附近。日仔村民小组位于乡政府下方 3 千米处，全村林地面积小，森林资源丰富度一般，有一条河流经村子，提供人畜饮水。巴里达村民小组位于乡政府所在地的西部，居民约 30 户，山林面积大，植被覆盖好，巴里达冰川位于此。有两条河流经村子，一条提供饮用水和灌溉水；一条为冰川河。

果念和久农顶种植小麦和玉米，斯永贡、佳碧、日仔和巴里达种植青稞，巴里达还种植荞麦和蔓菁。粮食种植属于生计型，主要用于口粮和牲畜饲料。果念社通过出售玉米有一些收入。葡萄种植是久农顶、果念及日仔的主要收入来源构成。果念社和佳碧社每户种有 10 多棵核桃树，也是一项收入来源。畜牧业方面，除日仔村的饲养规模较大外，其他村规模都普遍较小。佳碧村民由于忙于采集林副产品，到牧场放牧的人不多，饲养规模小。松茸虫草采集是全行政村主要收入来源。

第三节　佛山乡

一、溜筒江行政村

全村辖 6 个村民小组，共 684 人 140 户。主要经济收入来源是虫草和松茸采集，其次是种植业和养殖业。主要农作物有小麦、青稞、玉米，该村从 2005 年开始种植葡萄，养殖业的主要收入来自出售酥油和菜牛。本村的经济发展主要面临两大限制：一是江东地带缺少水源，目前的水资源只能勉强满足农业灌溉用水，难以扩大农业的规模；二是对外通达条件较差，农副产品出售困难。

溜筒江、增刚、亚贡村民小组地理位置相近，环境条件和经济发展状况相似。增刚村民小组平均海拔 2500 米，距离亚贡村民小组 4 千米。亚贡有丰富的原始森林，居全乡之首，林中栖息的野生动物为全乡最多，这里分布有大片的竹林。溜筒江的森林资源不如亚贡和增刚丰富，不过竹林也较大，砍伐需要办手续。溜筒江每年都会遇到较严重的洪灾和泥石流，亚贡和增刚两社的山体滑坡对居民点的威胁较大。溜筒江、亚贡和增刚 3 个村民小组的用水和薪柴较为紧张，但村规民约对采伐有严格的规定，以减少泥石流发生的威胁。溜筒江位于茶马古道上，普渡桥曾是必经之路，江西有扎巴卡亚寺，曾是红坡寺的下属寺庙。古水、仔贡和说日 3 个村民小组地理位置接近，自然环境和社会经济条件相近。古水和仔贡两个村民小组距离 1.5 千米，两村森林资源丰富，村间的小河是两村饮用水和灌溉水源，旱季时(特别是冬季)，用水紧张。

二、鲁瓦行政村

鲁瓦行政村辖 6 个村民小组，共 511 人 133 户。梅里石村民小组地处干暖河谷。相较亚贡和鲁瓦两个后来发展起来的村落，人们在梅里石定居历史较长，该村山林面积较大，村落附近的植被以灌木为主，有少量桉树和核桃树。村北面和南面有茸洼恰河和说洽河流经过，最后汇入澜沧江。茸洼恰河位于外转经出口处，为村子的水源。梅里石村位于外转经路线上，也是茶马古道必经之地，可经说拉垭口进入西藏自治区左贡县。历史上这里属于红坡寺管辖，曾以提供马饲料供商队使用为主要生计来源。转经线路处留有古藏文石壁和马蹄印，传说是卡瓦格博过桥时遭遇桥断，是跌下桥后留下的印迹。

瑞瓦村民小组位于澜沧江至梅里雪山的半山坡上，说美村民小组紧邻瑞瓦小组，位于干暖河谷地带，背靠梅里雪山，坡度较大。瑞瓦处于中山区混交林，常见的树种有云杉、冷杉、黄背栎、高山松，有核桃、苹果等经济林果。山上分布有神湖达拉措、瓦斯德布，村北有雄勇怡河流经两个村子，河水泛滥时给村庄带来了一定的影响。许贡和泥许两个村民小组相距不足 100 米，许贡村海拔稍高。居民点所处的地形陡峭，周围生长有核桃树、苹果树，有一条小溪流经并汇入澜沧江，是村民的饮用水和灌溉水来源，但水量小，每年 3~6 月断流，造成村民用水紧张。泥石流是威胁当地的主要灾害，泥水较大时甚至会冲走村中的核桃树。修建防洪沟后，泥石流对庄稼的危害大大减小。鲁瓦村民小组位于澜沧江边，地处河谷地带，村落附近的植被状况较差，随着海拔的升高，植被逐渐变好。有一条小河流经并注入澜沧江，为村子的水源。

整个鲁瓦行政村有一个寺庙贡永宫，每年农历正月十三、四月十五、十二月十五，除了梅里石外，其他村民小组的人都会到此进行佛事聚会，烧香、念经和转经活动。梅里石村以前是红坡寺的管理范围，而其他村村属德钦寺的管理范围。

第五章

自然圣境与生物多样性保护

第一节　文化与生物多样性保护

由于自然或人为的原因，地球上的生物多样性正以惊人的速度消失。有科学家预测，全世界 20% 左右的现有物种可能会在近 30 年内消失。科学家们进一步指出，现已发现并已进行科学命名的物种可能只占地球总物种数的 10%，而大量的物种甚至在没有命名和进行科学研究前就可能已经消失。生物学的研究表明，尽管整个地球演替的历史伴随着生物物种的不断消亡，但在近代，由于人类对自然环境直接或间接的影响强度的加大，特别是人类对自然生态系统和动植物生境的干扰和破坏，物种的消亡速度已经大大超过了以往任何历史时期。以哺乳动物为例，在 17 世纪时，每 5 年有一物种灭绝，到 20 世纪则平均每 2 年就有一物种灭绝。就鸟类而言，在更新世的早期，平均每 83.3 年有一个物种绝灭，而现代则每 2.6 年就有一种鸟类从地球上消亡。与此相对应的是，人类的文化多样性同样面临着前所未有的威胁。语言或方言被认为是最重要的文化多样性指标，它从一定程度上代表了一种文化存在的条件、知识的传承、人们思考问题的方式。当今世界存在 5000~7000 种语言或方言，然而语言学家估计在将来不到 50 年的时间内会有一半的语言消失。因此，人类文明的进程带来的不全是积极的后果，特别是对于自然环境而言。大规模的对环境系统的人为干扰、大量高经济价值物种的消失、水体和空气的污染都是来自人们逐渐失去控制的欲望。人口激增、过度消耗、城市垃圾等各种影响环境的主要因素，大都可归结为工业化后全球市场的竞争所导致，而不容忽视的一个事实是越来越多的原住民及本土社区正在逐渐放弃或失去其传统、可持续的资源利用方式，这从另一个方面也加剧了人类对环境和生物多样性的负面影响。

近年来，人们对生物多样性重要性的认识不断增强，科学家从环境生物科学的角度对生物多样性作了多种定义，并被用于科学分析、制定相应环保策略。学术界关于自然的评价大都基于两种最基础的理论，即"经济学"理论和"生态学"理论。前者关注自然的经济效用，提倡对自然要素评估采用商品价值体系，后者认为自然要素有其"内在"或"本身"的价值，因此人类要采取保护手段，以保证其存在。这两种理论往往使"生物多样性"的讨论走向两个极端：许多来自发达国家的环境主义者过分夸大自然要素的"内在"价值，从而主张自然的完整性，反对经济利用。而大多数发展中国家的学者们在关注自然资源的经济功效时，往往忽视了自然的生态社会功能。生活在世界各地、千百年来依靠其周围的自然资源的原住民，可能对"生物多样性""环境保护""可持续发展"等概念闻所未闻，但这并不意味着人们缺乏相关知识。相反，他们对物种多样性、群落多样性和生态系统的多样性，有着更加广泛的理解。这些理解最主要的特点是体现了一种人、自然与精神世界深层的内在联系。对他们而言，环境和生物多样性并非是一个简单的被"保护"或被"开发"对象，而是整个宇宙生命系统必不可少的组成部分。因此，片面地理解"生物多样性"有可能把人们的文化、信仰与自然的有机关系生硬地剥离开来，忽视了人们与其他生命形式的内在联系。

根据藏族传统的信仰系统，对于世代生活在梅里雪山地区的民众而言，整个世界就是一个精神的世界，自然是这个精神世界不可分割的一部分。自然界里的每一种事物都被赋予了灵性，传统习俗要求人们尊重所有的生命，这包括自然界里的动物和植物。通过有限度、合理地利用自然资源，人们关注更多的是长远且可持续的发展。因此，尽管现代科学存在诸如"生物多样性"和"可持续"等表述和概念，但就根本理念而言，现代科学并不是这些理念最初的创造者。早在现代文明到来之前，当地的藏族民众就已经积累了丰富的可持续利用、保护动植物资源和生态系统的经验。从某种意义上来说，经过人们千百年来有意识或无意识的活动，构造出了其周围的环境，同时他们的生产生活实践又是对所处环境的一种积极适应。大量的研究表明，正是由于长期以来人们对自然资源的合理利用，地球上的许多生物多样性热点地区才得以保存。

现代科学的发展为人类认识和改造自然提供了更加广阔的空间和更有效的手段。尽管越来越多的人习惯于从技术与经济的层面考虑人与自然的关系，然而也有更多的有识之士和学者已经认识到单纯的现代科学并不能解决现在人类所面临的许多问题，相反在某些时候却成了一种破坏性的力量。因此，认同和尊重传统知识中积极有效的成分是真正的科学态度，同时，倡导建立一种完善知识体系的社会氛围也是当代保护工作的必要前提。全球性范围对生物多样性保护的认识，促进了1992年联合国环境与发展大会在巴西里约热内卢的召开。在这个划时代的会议上，签署了《生物多样性公约》。2021年5月，《生物多样性公约》第十五次缔约方大会（简称COP15）在我国云南昆明举行。在历次的生物多样性保护大会中，通过广泛地交流与沟通，与会者对传统知识在生物多样性保护中作用的认识不断加深，这也使越来越多的保护工作者投入到对传统知识和文化的整理和研究当中。结合传统知识和乡土治理结构实施生物多样性保护与发展项目有许多得天独厚的优势。其中最重要的是，传统知识提供了基层决策的依据，而有效运转的传统社区组织是基层决策顺利实现的基础。通过这些传统的社区组织识别具体问题，不仅能提供解决问题的本土方案，同时也能大大加快解决问题的进程。目前，尽管生物多样性保护领域对民族生物学和传统生态知识尚缺乏全面系统的研究，但近几十年来的研究表明：世界各地的原住民对生态分区、自然资源利用、农业和林业等有着远超人们想象的经验和智慧，对这些生产实践和传统知识的了解与尊重，通过学习加以运用，并从法律的高度加以确认，这些努力，都将促使全球生物多样性保护事业迎来崭新的明天。

第二节　藏族文化与自然圣境

一、藏族文化与生态保护

随着地球人口数量的不断增长，人类对自然资源的需求量也越来越大，再加上人们对现代化物质生活无休无止地追求，人类所赖以生存的这个星球正承受着前所未有的巨大压力。进入 21 世纪以后，社会似乎进入了更加快速"发展"的轨道，人们的各种行为正不断地被纳入市场化和全球化的进程中。越来越多的人已经完全接受了现代发展的理念，更多关注的是如何最大限度掠取自然资源，而不愿考虑这种掠取将可能带来的各种负面影响。联合国公布的研究结果显示，在过去 30 年中，虽然国际社会在环保领域取得了一定成绩，但全球整体环境状况持续恶化。全球环境恶化主要表现在大气和江河污染加剧、大面积土地退化、森林面积急剧减少、淡水资源日益短缺、大气层臭氧空洞扩大、生物多样化受到威胁等多方面，同时温室气体的过量排放导致全球气候变暖，使自然灾害发生的频率和严重程度大幅增加。一个浅显的道理是，尽管人口的增长会导致商品需求的增加，然而自然资源合理有效的利用与管理，可实现资源量与需求量的持续平衡。千百年以来，经过长期的生产生活实践，遍布于世界各地的原住民大都形成了一整套以尊重自然为基础的文化价值体系。这其中包含了一系列的社会规范和价值标准使人们尊重自然、善待自然，通过各种文化宗教仪式和不同的戒律来规范自然资源的利用行为，从而保证了生物多样性和整个生态系统的平衡。了解这些传统文化与知识，并将其运用于解决当前现代生活中许多相关生态环境问题已成为世界范围内的共识。在这个背景下，世世代代生活在雪域高原的藏族，其独特的文化生态观，以及青藏高原丰富的生物多样性开始越来越受到世人的关注。

地理意义上的藏区主要指青藏高原大部分地区，包括西藏自治区、青海省大部、甘肃省部分、四川省西部与云南省西北部地区，面积达 200 多万平方千米，约占中国陆地总面积的 1/4。青藏高原位于我国西南边陲，亚欧大陆的中南部，西起于帕米尔高原，东及横断山脉，北界昆仑山、阿尔金山和祁连山，南抵喜马拉雅山。青藏高原面积大，跨越的地域广，从东经 74°到 102°，东西绵延近 2500 千米。从北纬 27°到 39°，南北延伸近 1200 千米。广袤的地域、特殊的巨厚地壳，加上独特的地质历史与结构，使青藏高原形成了沟谷纵横、山脉绵延、雪峰高耸、湖泊星罗棋布的独特自然景观。这里集中了我国与亚洲的主要名山大川，如喜马拉雅山、冈底斯山、昆仑山、喀喇昆仑山、唐古拉山、巴颜喀拉山、念青唐古拉山，横断山脉自北而南纵贯西藏东部和四川、云南西部；世界性的大江大河，如雅鲁藏布江、长江、澜沧江、怒江、黄河、印度河等。在青藏高原上还分布着上千个大大小小的高原湖泊，著名的如我国最大的咸水湖——青海湖，其他的还有纳木措、羊卓雍措等。青藏高原又是世界上冰川集中分布的地区之一，现代冰川面积占全国总冰川面积的 80%以上。由于青藏高原不仅海拔高(平均海拔超过 4500 米)，而且具有独特的自然景观、丰富的自然资源，加上对全球气候与环境变迁的意义与重要影响，从而使其成为地球上一块独一无二的自然地域单元。

藏传佛教是藏族文化的理论根基和哲学基础，是佛教与藏族地区土生土长的苯教汇合发展的产物。形成于距今 3000 多年前的苯教，最初是一种相信"万物有灵"的原始拜物教。由于藏族生活在被称为"地球第三极"的青藏高原，高海拔、低氧和寒冷气候使藏族先民们相比世界上的其他民族面临着更加恶劣的自然环境条件。在大自然面前，人类的力量永远是渺小的。由此产生了对大自然的敬畏。苯教认为整个世界被大大小小的神控制着，因此这些神也就控制着人类的生老病死和吉凶福祸。自然界中的这些神灵往往化为具体形象如神山、神树、神水、神湖等。公元 7 世纪前后佛教传入藏区，之后与本土的苯教进行了长期的斗争和融合，最后形成了独特的藏传佛教，并被全体藏族人民广泛信奉。对于藏传佛教的自然观，藏族学者冯智认为藏传佛教将苯教的"万物有灵论"与佛教的"灵魂不灭"观念统一起来，赋予自然以某种生命的象征，形成对一些特殊山川的敬畏和崇拜，提倡人与自然的顺从和协调的关系。

尽管大多的藏族可能并不一定能够理解和认同现代环保的各种理论和概念，然而青藏高原自然条件的现实和以藏传佛教为背景的文化，客观上形成了其独特的生态观。在动物的保护方面，中央民族大学研究馆员徐丽华总结了以下几点：其一，苯教对食用偶蹄类动物和奇蹄类动物有不同认识，同时禁止食用犬科和许多猫科动物；其二，藏传佛教"十善戒律"中的第一条便是"不杀生"，即僧人不杀所有动物，也不准俗人在寺院周围、寺院属地及静坐地神山、神水、神湖周围猎杀动物；其三，广大藏区不食鱼的习俗促进了水生生物的保护。而对植被和植物的保护，藏区广泛分布的各种大大小小的规模不等、宗教影响力不同的"自然圣境"成为许多物种的"保护地"和"基因库"。

二、自然圣境与生物多样性保护

梅里雪山地区是云南省海拔最高，也是云南省人口密度最小、自然生态环境保存最好的地区之一。在这里，大多数居民的生活，基本依靠直接使用从自然环境中获得的各种资源，处于一种自给自足的自然经济状态。因此，人们聚居的社区及其日常生产、生活以及各种文化活动与周围的自然世界保持着紧密的联系。上千年以来，这种联系使人们与该地区的生态环境逐渐适应，并达成高度一致性。梅里地区普遍分布的自然圣境，便是这种一致性的最集中体现。梅里地区的圣境主要有 4 种表现形式，即神山、日卦、圣迹和转经路线（图 5-1）。

神山，藏语"日达"，是自然圣境最主要的形式。根据其宗教影响程度，神山大致又可分为四类：第一类为全藏区共同信仰的神山，如西藏的岗仁波切和念青唐古拉山，梅里雪山地区的卡瓦格博即属于全藏区信仰的神山；第二类为某几个特定社区的神山，其他社区可能与之无任何关系，如起格博瓦顶南、帕巴乃丁区卓等共有近 30 座；第三类为某个特定村子信奉的神山，梅里地区大量分布的是这类神山，共有 40 多座；最后一类为家族、家庭型神山，但由于其面积较小，分布零散，对社区的影响十分有限。根据自然条件和资源利用情况又可分为三类，以雨崩村为例：一类是终年积雪无任何资源利用的雪山，包括缅茨姆（神女峰）、甲瓦仁安（五方佛峰）、巴乌巴蒙、卡瓦绒达、久刚、帕巴乃丁区卓；第二类是有一定植被，但距离村民居住点较远，资源利用基本没有或极少、短期内无威胁的，包括滚布初达、适雄、争亚、那古布顶、拉争、雄雄扎、多吉扎；第三类是植被覆盖良好且距离村民生活地较近，已经有资源利用并面临较迫

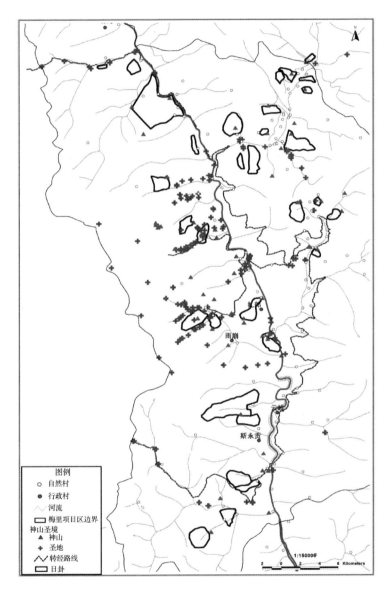

图 5-1 梅里地区的圣境分布

切威胁的神山，如苯布扎和遍德日。

日卦（藏语，意为"禁地"），即传统的封山区，是最直接的环境保护行动，也是藏族人民对人类生物多样性保护事业的一大贡献。在日卦内的生产活动通常受到严格控制，一般只能进行森林小产品采集、有限度的放牧等活动。设立日卦的原因较多，但总体而言，主要是为了可持续地利用社区资源，保护水源，防止山体滑坡、水土流失等自然灾害发生。日卦的管理，宗教是最重要的手段之一。根据其最初的设立的形式，又可分三类：①神山型日卦。面积稍大的神山，几乎都是一片天然的日卦，只是没有严格的界线。在一些村庄，神山即是全村公认的日卦。梅里地区，这类日卦共有 7 处。②由活佛加持的日卦。通常，活佛应当地民众的请求，根据当地风水和自然状况，确定方位地点，并用嘛呢堆或"鬈巴"（地藏宝瓶）加以标记。这类日卦共有 11 处。③社区自发的日卦。主要通过村规民约管理。日卦是对神山保护的有益补充。因为神山的定位，往往只有特定的人，特定的地位与作用确立之后，才能认定一座山的级别，供人们来信奉。而且神山一般都是早在古时就确立下来了。而日卦则是可以根据当地社区群众的意愿来确定，纯宗教意义的日卦十分罕见。

寺院风景林，高僧大德修行地、神湖、神瀑以及其他圣迹附近的森林、草原是自然圣境的又一表现形式。梅里雪山区域内建有格鲁、噶玛、宁玛等教派的寺院 10 余座，有其他各种圣地、圣迹 300 多处。这些圣地、圣迹的周围环境同时也被赋予了文化的含义，并得到了相当程度的保护。卡瓦格博的内、外转经线路是梅里地区最独特的自然圣境。内转经线路主要涉及雨崩、明永、西当和永宗，外转经线路北起梅里石，南至永支，环绕整个梅里地区。每年，特别是羊年，成千上万来自藏区各地的信徒到此转经祈福。转经路沿线的每棵树木、各种动物都被信徒们当作圣物，不会被随意破坏和伤害。

从各种圣境在梅里雪山地区的分布来看，总体呈广泛分布的特征，但大部分集中在有居民生活的村落附近和有人类活动的区域。通常，某个地方的圣境数量与该地方人类活动的历史紧密相关。如尼农村是一个只有 70 多年历史的小村庄，全村也只有 3 座小型神山，其他类型的圣境也很少。而拥有悠久历史的阿东村，不仅各种圣境类型繁多，数量也很庞大（仅较大的神山就有 13 座）。以卡瓦格博为中心的内、外转经路线是各种圣境最集中的地带。

第三节　自然圣境的文化功能与生态学意义

一、自然圣境的文化功能

藏区各种自然圣境的存在是建立在"世界屋脊"之巅的藏民族特有的宗教信仰和民俗文化中古老的信仰崇拜基础上的自然文化现象，也是藏族远古先民万物有灵、自然崇拜信仰观念及藏族原始宗教、苯教、藏传佛教神灵崇拜、灵魂崇拜、英雄崇拜等观念的重要体现形式。从文化的角度看，圣境的作用主要体现在三个方面，即信仰中心功能、道德规范功能和群体认同功能。

信仰中心功能。在藏区，各种大大小小、形式不一的圣境首先是体现出它们的一种信仰中心功能。如从神山崇拜来说，原始先民对其生存的自然环境和大自然神秘莫测、千变万化的自然现象不能理解，以致认为是这些高山的神灵所显示的神奇力量，从而对大自然产生了恐惧、敬畏和崇拜心理，逐渐衍化成为一种古老的原始宗教及后来的苯教信仰，并把这些自然物认为是神山，山神又是神山的主宰。至佛教传入后，莲花生大师将这些土著山神都"收伏"为藏传佛教的护法神。随着佛教传播的不断深入，各种神山、寺庙、日卦、其他各种圣迹早已超越了其具体形式，而逐渐上升成为人们所信仰的佛教教理、教义的一种象征。圣境的这种中心功能可能是区域性的，也可能仅仅只是社区性的。如岗仁波切、卡瓦格博的影响是全藏区，而其他大量的圣境，其影响多局限于社区，是社区的信仰中心。

道德规范功能。各种圣境的存在同时又使人们的道德思想、行为方式遵循一定的准则，使社区相对稳定。与圣境相联系的各种神灵往往被认为有巨大的神通，任何与其准则违背的行为，都将受到神灵的惩戒。如位于雨崩上村的神山"遍德日"，据说山神是一位白发的老僧，是卡瓦格博地区诸神山中比较凶悍的一位，其果报来得比较迅速和凶猛。神山上不但不许伐木和狩猎，就连采集药材、菌子都不可以，否则这些行为都会立刻引来报应。同时，人们又通过村规民约的形式，限制性地对圣境内的各种人类活动进行约束。雨崩村的日卦是以前管辖雨崩的阿东土司和德钦的红坡寺共同划定，并在划定界限的同时，由高僧和喇嘛对这条线进行了加持，因此日卦本身被赋予了神的意志和权威。但是因为生活的需要，这个日卦内又允许有限度地放牧和森林小产品的采集，但完全禁止树木的砍伐。

群体认同功能。群体认同是自然圣境又一重要功能，主要体现在文化认同和社区认同两个方面。文化认同主要体现在群体共同的信仰、较为一致的价值判断标准及遵循相同或相近的生活习惯、生产方式等。这种认同使每个个体对所属的群体有不同程度的归属感。各种神山圣地的影响程度不同，这种文化的归属感就有不同的意义。如人们对岗仁波切、卡瓦格博的信奉是藏文化意义上的认同，而巴乌巴蒙、帕巴乃丁区卓等神山被梅里当地的藏民当作其生命最终回归的场所，是区域性文化的认同。社区认同的主要作用体现为各种圣境是社区共有资源权属的一种重要实现形式。社区群众往往通过宣布某一神山圣地为该社区所信奉，从而达到某种或某几种资源权属的实现（如使用权、分配权、所有权等）。定期或不定期的宗教仪式（如煨桑、转山、建"神宫"、插挂经幡、放生等）是这种资源权属最重要的实现手段。这种社区认同功能的延伸，最终还在藏区呈现一个有趣的现象：全藏区几座著名的神山都是重要的行政和文化边界线，如中印、中尼边界的喜马拉雅诸神山，青海与西藏交界的唐古拉神山，还有滇藏边界的卡瓦格博神山等。

二、自然圣境的生态学意义

基于宗教信仰和文化传统的自然圣境其生态意义是显而易见的。由于这种基于传统知识体系的自然资源管理模式是一种彻底自下而上、有社区全体成员共同参与、与人们的日常生活和文化习俗息息相关的模式，因而从现代生态保护管理学的角度讲是十分科学的。

首先，从生物多样性保护的角度讲，圣境内的植被相对其他地方保持着较为原始的状态，包括了多种植被类型和丰富的物种资源。梅里地区主要的植被类型有矮灌丛、侧柏林、高灌丛、河岸林、沙棘林、川滇高山栎-黄背栎林、高山松林、华山松林、针阔混交林、澜沧黄杉林、落叶阔叶林、落叶松林、云杉林、冷杉林、亚高山草甸、高山-亚高山灌丛、密穗柳灌丛、滇藏方枝柏林。这些植被类型在圣境内都有分布。图5-2大体反映了各种植被类型与圣境的关系。

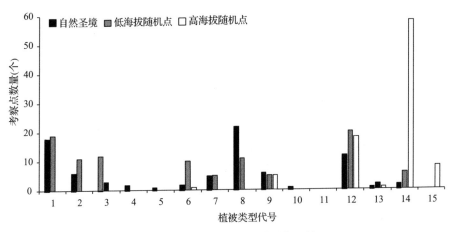

图 5-2　梅里地区的植被类型与圣境

注：1. 矮灌丛；2. 侧柏林；3. 高灌丛；4. 河岸林；5. 沙棘林；6. 川滇高山栎-黄背栎林；7. 高山松林；8. 华山松林；9. 针阔混交林；10. 澜沧黄杉林；11. 落叶阔叶林；12. 落叶松林；13. 云杉林；14. 冷杉林；15. 亚高山草甸。40～4000 米以下低海拔地区，尽管植被类型相似，但圣境内的物种丰富度总体上高于相同海拔的其他地方（$t=2.045$，$df=176$，$P=0.042$）；而高海拔圣境（梅里地区主要的神山分布海拔大都超过 4000 米）内特有物种的频度显著高于低海拔地区（$t=14.372$，$df=156.8$，$P<0.0001$）。

从生态功能来说，圣境的主要作用体现在水源涵养和水土保持的功能上。以阿东村为例：阿登贡的直利荣曲水 20 世纪 90 年代暴发的一次洪灾直接淹没了山下的一大片农田与人户。阿东二队的荣布大沟 80 年代 3 次发大水，阿东二社组织了所有力量来防洪，没有收效，最后以神山供奉和封山后，才得以杜绝。古达村的上方岩石群附近在 20 世纪 70 年代前后，由于过度采伐，造成山石坍塌伤及村舍。80 年代以后，将此神山重新确立和供奉后，才得以制止落石再发。瓦哈村的水源林一直受到邻近几个村和自己村民的采伐，导致水源越来越少。最后请来了高僧，对山林确定神山地位并进行封山后，水源才得以正常。因此，自然圣境还对区域性局部生态系统的维系起着至关重要的作用。梅里地区圣境分布的广泛性也是保证整个地区生态系统相对稳定的关键社会文化因素。

三、启　示

传统意义上的自然保护体系是建立在现代自然科学基础上的，一套自上而下，由政府相关职能部门构成的正式体系。这种保护体系从其功能和体制上看，存在两大缺陷：第一，面积有限，难以实现大范围的保护。自20个世纪80年代以来，我国开始大规模建立自然保护区，到2019年，我国建立了2750个自然保护区，其中国家级有474个，自然保护区的总面积147万平方千米，但仅占我国陆域国土面积的15%。第二，运作形式单一，缺乏社区的有效参与。由于保护区在建立和管理过程中缺少对当地社区文化传统、经济利益等各种因素的充分考虑，管理者与社区群众有时难免形成冲突甚至一种对立的关系。越来越多的国内外研究表明，自然圣境是以现代科学为基础的正式保护体系十分必要和积极的补充，而梅里地区可以成为这种基于传统自然保护方法的最好实践地。随着我国生态文明建设事业的不断推进，对梅里地区的自然圣境保护有如下启示：

其一，强化圣境的信仰中心功能。卡瓦格博是该地区所有圣境的核心，是这里传统文化及信仰的象征。因此，应支持人们在这里的各项文化、宗教实践活动，在尽量保持原有的自然、文化特性的基础上，承认其宗教地位，坚持反对人类登顶的活动。大多数圣境是人们文化活动的中心，通过在这些圣境开展各种形式的文化及环境教育，使他们以更加主动、积极的态度参与到生物多样性及环境的保护中。

其二，通过了解圣境的分布，政府的各项环保工作，甚至较大的生态工程（如退耕还林、退牧还草）都应充分利用社区已有的各种管理手段（如神山、日卦等），而不是通过彻底改变传统的形式，使社区群众对自然资源权属的认识从"自己的"变成"他们的"。为了使工作更有效，适当的时候甚至可以发动社区群众设立新的"自然圣境"。

其三，认识到圣境的文化认同功能后，在做各种项目前期的相关利益群体分析时，对象应更加广泛。圣境涉及的利益群体往往超出其所属行政概念上的界限，圣境的宗教文化影响越大，涉及的利益群体越广。如某个开发项目的实施，不仅会影响到圣山本身所在村社居民的日常生活，还可能影响其他村社共同信仰该座圣地居民的生活。

　　最后，梅里雪山地区的经济开发，应遵循并强化各类圣境本身的自然、文化特性，而尽量减少一些与之不符的现代因素。梅里雪山之所以闻名遐迩，不仅是因为她是"一座自然的山"，更重要的她是"一座文化的山，一座精神的山"。当前和将来的一些开发项目，若任意修建客栈、索道等人工物，无疑会减弱圣境的神圣性，最终将彻底破坏其之所以吸引世人的特征。

第六章 ▶▶▶
药用植物利用与保护

　　藏医药是中国传统医药的重要组成部分，是藏族人民在与疾病的长期斗争中，结合传统药用经验、印度医学、中医等传统医学形成的具有青藏高原药物学特点的医药体系，其使用范围包括西藏、青海、甘肃甘南州、四川阿坝、甘孜、云南迪庆等广大藏区。目前，针对藏医药的研究开发日渐增多，青海、西藏等地藏药企业发展迅速，已有百十余家，藏医药产业现已成为西藏六大支柱产业之一。但是传统藏药使用的药源独特，主要是产于青藏高原的植物药材。由于青藏高原具有独特的自然生态条件，虽然孕育了种类丰富的植物资源，但是具体物种的资源储量有限、种群更新速度慢，资源采集后难以恢复。产业开发相继带来了资源枯竭、生态环境破坏等不可持续利用问题，目前一些大宗藏药材，如红景天（*Rhodiola rosea*）、藏茵陈（*Swertia mussotii*）、独一味（*Lamiophlomis rotata*）、雪莲（*Saussurea* spp.）等已处于濒危或枯竭状态。为满足市场对部分药用植物的需求，当前藏药资源的栽培研究日渐增多，如波棱瓜（*Herpetospermum caudigerum*）、手参（*Crymnadenia conopsea*）、翼首花（*Pterocephalus bretschneider*）、藏木香（*Inula helenium*）等传统藏药已开展人工栽培，但进展缓慢。

　　传统藏族医药在产业化开发、现代医药体系等因素的冲击下，植物种类、资源储量和利用方式等正发生深刻的变化。本研究选择藏药资源丰富的梅里雪山及周边进行实地调查，分析该区域传统藏药植物资源多样性与使用现状，旨在探讨复杂生境条件下藏药资源开发存在的问题和合适的开发策略。

第一节 参与式药用植物资源调查

一、研究地点与方法

梅里雪山所属的迪庆州是《迪庆藏药》的知识来源地，药用资源种类丰富，20世纪80年代的中药资源普查调查到药用植物160科867种。《迪庆藏药》记载了藏药598种，其中主要是植物药，占448种，多数是产自青藏高原的药材。本研究调查的地区主要在德钦县，仅在河谷地区调查中涉及维西县。我们于2005—2006年选取了具代表性和典型性的河谷地段、中山山区和高寒山区开展藏药植物资源与使用的调查，具体调查行程安排见表6-1。

野外调查自4月中旬至9月中旬，由当地知名的藏医药专家和民间组织德钦藏医药研究会的成员，组成一个10人的调查队，调查内容包括：①记录传统藏药资源的植物基原，采集植物凭证标本；②走访、调查药材资源分布、储量和枯竭状况；③藏药资源的利用状况，包括利用部位、是否商品收购以及栽培开展情况；④传统药物使用方法、功效等。

表 6-1 传统药用植物资源多样性调查行程

海拔梯度	野外工作时间	具体地点
河谷地区(海拔<2500米)	4月19日至5月3日	德钦县金沙江上游、维西县澜沧江河谷
中山地区(海拔2500~3500米)	6月17日至7月5日	德钦县梅里雪山、白马雪山中山地区
高寒山区(海拔>3500米)	9月3日至9月17日	德钦县梅里雪山、白马雪山高寒山区

资料处理及分析方法主要分三步：

(1)野外调查和标本鉴定。藏医药专家负责确定藏药对应的基原植物，请植物分类专家鉴定采集的标本。

(2)开展重要程度和濒危程度评估。将某一植物物种的重要程度按照从低到高分为五级(1~5分，分值越高表示越重要)，具体参照王雨华等(2002)其他药用植物资源的评估方法，结合药材的功效、使用范围，对某一特定物种的重要性进行打分；将濒危程度的评价同样分为五级，分值越低表示资源越丰富，越高表示资源越接近濒危。以实际调查中资源分布和储量的多少，结合当地藏医对资源分布变化的描述，评估濒危程度。由藏医药研究会的成员分别根据上述调查信息对每种药材重要程度和濒危程度评分，后取平均值（四舍五入取整）。

（3）整理资料，分析数据。统计调查地区的藏药资源多样性和药材的利用方式、产业开发情况；应用 SPSS 软件分析不同海拔地区使用的资源、采集方式、栽培开展之间的差异，包括重要程度、海拔梯度与濒危程度的对应分析，海拔梯度与药材生产方式的对应分析，并基于分析结果，探讨资源濒危的相关因素和栽培开展的制约因素（环境压力、采集方式、重要程度等）。

二、药用植物调查结果

（一）澜沧江、金沙江河谷至梅里、白马雪山高山的藏药资源

在河谷、中山和高寒地区的调查中，共采集和记录藏药植物 144 种，隶属于 63 科 126 属。生活型主要包括多年生草本（116 种，占 81%）和乔灌木（22 种，占 15%），其余藤本、寄生植物等有共 6 种。药用种数较多的科有菊科（Compositae），18 种；毛茛科（Ranunculaceae）、百合科（Liliaceae），各 8 种；龙胆科（Gentianaceae）、唇形科（Labiatae），各 7 种；蔷薇科（Rosaceae），6 种；十字花科（Cruciferae）、蝶形花科（Papilionaceae）和玄参科（Scrophulariaceae），各 5 种。

统计各海拔梯度使用的药用植物资源（表 6-2），结果显示，各海拔梯度的植物均有较多使用。菊科植物在各区域均有较多使用，这与菊科物种数量丰富和分布广泛有关。统计显示有 41 个科仅在一个地区使用，17 个科仅在河谷地区使用，仅中山地区使用的科也为 17 个，限于高寒山区使用的为 6 个，其余 22 个科的植物分别在两类地区或三类地区有使用。

表 6-2　各区域使用的药用植物资源统计

地区	药用植物数	所属科数	种类较多的科(>4 种)
河谷地区	48	33	菊科、唇形科、十字花科、蔷薇科
中山地区	57	39	百合科、毛茛科、蝶形花科、龙胆科
高寒山区	41	22	菊科、毛茛科、龙胆科、玄参科

注：当归和黄牡丹在多地区出现，所以三地区使用的物种总数会大于 144。

(二)植物资源重要程度与濒危程度

统计重要程度评估分值，调查的 144 种植物中较重要的(分值 4~5分)有金耳石斛(*Dendrobium hookerianum*)、红花(*Carthamus tinctorius*)、甘青乌头(*Aconitum tanguticum*)、刺红珠(*Berberis dictyophylla*)、藏木香、波棱瓜等 50 种(占 35%)，多数药用植物重要性分值为 2~3 分(图 6-1)。

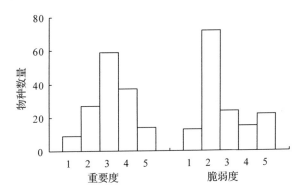

图 6-1　重要程度与濒危程度分值分布图

144 种植物中重点保护植物 8 种(国家一级保护野生植物、二级保护野生植物 4 种，CITES 收录的 4 种)。植物濒危程度的评估分值统计显示：资源较濒危(分值 4~5 分)的植物有紫檀(*Pterocarpus indicus*)、水柏枝(*Myricaria germanica*)、刺红珠、胡黄连(*Picrorhiza scrophulariiflora*)、水母雪莲花(*Saussurea medusa*)等 37 种(占 26%)；多数植物资源濒危分值为 2~3分(图 6-1)。另外，调查发现存在规模化商业采集的植物种类有 11 种，其中 9 种因过度采集而使当地资源面临枯竭。

重要程度与濒危程度的 SPSS 对应分析显示，重要的植物资源濒危程度相应高, 二者表现出很强的对应关系(图 6-2)。

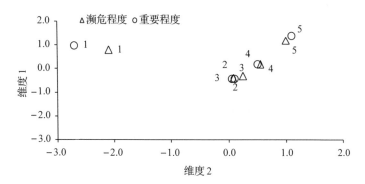

图 6-2　重要程度（○）与濒危程度（△）对应分析散点图

注：图中显示重要程度与濒危程度显著相关，重要程度高的类群濒危程度相应高。

对 3 个海拔梯度区域的药用资源的濒危情况进行分析, 发现呈不均匀分布的情况。区域与濒危程度的对应分析显示高寒山区的植物类群接近濒危分值较高, 而中山和河谷地带植物类群接近中低濒危程度(2~3 分)(图 6-3)。统计显示, 高寒山区的植物资源中濒危类群(分值 4~5 分)比例最高, 为 18 种, 占该区域 41 种药用植物的 44%; 中山和河谷分别为 11 种(占 19%)和 8 种(占 17%)。

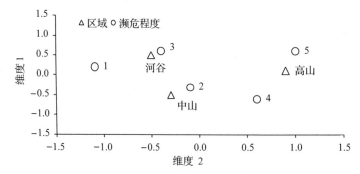

图 6-3　海拔梯度区域(△)与濒危程度(○)对应分析散点图

(三)药材生产

药材的生产有采集野生资源和人工栽培两种方式。在调查的 144 种植物中, 完全使用野生资源的有 94 种, 占 65.3%; 已栽培的有 36 种, 占 25%; 有 16 种植物正进行试验性栽培, 占 11%。对应分析结果显示, 野生资源在各地区均有较多使用，但以中山山区的种类利用最多；栽培药材在河谷地带最多，其次是中山，高寒山区的种类栽培较少，但目前当地开展试验性栽培的药材主要是高山植物种类（表6-3）。对应分析散点图较明显地显示以下对应关系：野生采集—中山地区；栽培—河谷地区；试验栽培—高寒山区（图6-4）。

表6-3 药材生产方式和生境区域的对应分析结果

生产方式	海拔梯度			
	河谷	中山	高山	合计
野生采集	28	41	25	94
实验栽培	2	2	12	16
栽培	18	14	4	36
总计	48	57	41	146

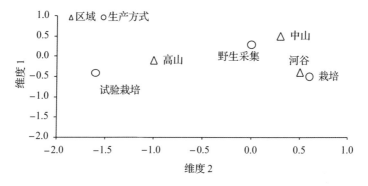

图6-4 海拔梯度区域（△）与药材生产方式（○）的对应散点图

(四) 药材利用

调查的144种藏药植物中，使用全草或地上部分的最多，占43%；其次是根或根茎32%，使用花的占14%，其余果、种子、基干、树皮等部位均有少数应用（表6-4）。

药材的采集部位与药材基原植物的伤害程度密切相关，依照药用采集部位将采集伤害分为三类，即营养伤害（采集枝、叶等）、繁殖伤害（采集花、果、种子等繁殖器官）和致死伤害（采集根、根茎、全草等引起植株死亡的采集方式）。统计发现，致死采集是主要的采集方式（64%），其次是繁殖伤害（28%）和营养伤害（8%）。分析还发现，河谷地区采集伤害较轻，致死采集模式占44%；中山、高寒山地采集伤害重，致死采集模式分别占70%，78%（图6-5）。

表6-4　各药用采集部位统计

采集部位	全草/地上部分	根/根茎	花	果	茎干	种子	树皮
数量	63	46	20	14	9	9	5
比例（%）	43	32	14	10	6	6	3

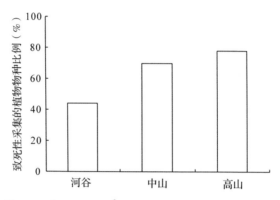

图6-5　致死采集伤害在各区域类型药用资源中的比例

三、调查结论与讨论

（一）从河谷到高山藏药植物资源及利用的多样性

迪庆州德钦县是藏区药用植物资源最丰富的地区之一，仅调查的样区就调查采集到63科144种药用植物。分析发现藏药使用的植物类群广泛，无论是河谷、中山还是高寒山区均有许多植物被利用，但3个海拔梯度所利用的种类有较大差异，多数植物仅在某一区域使用。从河谷到高山的药用植物数与科数之比分别为48/33＝1.5、57/38＝1.5、41/22＝1.9，可见高寒山区的药用植物种类相对集中于少数的植物科属中，这与高山环境胁迫压力大，只有较少植物种类能适应高寒生境有关。

与传统中医药相比，藏药资源使用以全草和地上部分为主（表6-4），而中医药使用最多的部位是根或根茎；传统藏药对花的使用较频繁，调查中使用花的植物资源占14%，中医药对花使用很少。另外，党参、白及、秦艽、射干等药材中国药典中仅使用其根部，藏药中全草都有应用，以此为依据，可以开展拓展药源的研究。

（二）藏药资源的濒危与相关因素

传统藏药资源种类丰富，但是资源量非常有限，调查中有37种（26%）资源较濒危。分析发现，药材的濒危程度与重要程度显著相关（图6-2），即重要性越大其濒危程度越高，而药材重要程度高是药材使用量大和应用范围广的体现，因此药材的过度使用是资源濒危的因素之一；另一方面，规模化的商业收购是引起资源枯竭的原因，调查中存在商品收购的植物资源多数面临严重枯竭（占88%）。

濒危的37种药用植物中，有18种（占49%）分布在高寒山区，中山地区次之，河谷地最少；海拔梯度与濒危程度对应分析结果（图6-3）同样支持上述结果。从河谷到高山，随着环境胁迫压力的增大，药用植物资源越来越容易濒危，一方面缘于该高山地区植被多是灌丛草甸、高寒草甸等，植被中逆境耐受型植物占多数，该类型植物应对环境胁迫能力强，但应对采集干扰能力最弱，种群恢复能力差，采集之后难以恢复；另一方面，采集伤害也是引起该区域资源濒危的因素之一，该区域的类群致死采集方式占78%，而河谷地区仅为44%（图6-5）。

（三）从河谷到高山，传统藏药的生产方式

传统藏药以采集野生资源为主。在调查的藏药植物种类中，采集野生资源的植物占较高的比例，但栽培（25%）和试验栽培（11%）的植物也占相当比例，随着传统医药的产业化发展，试验性和规模化栽培呈扩大趋势。分析各区域的药材生产方式发现，从河谷到高山，栽培的植物种类越来越少；但是正处于试验栽培的资源反而增多（表6-3、图6-4）。究其原因：环境胁迫压力在低海拔的河谷地区影响较小，容易开展栽培；高海拔地区生境特殊，植物生长缓慢，多数药材生长周期长，加之环境因素，不利于人们开展生产活动，造成栽培开展少；然而在资源枯竭的压力下，人们不得不开展试验栽培，易形成先枯竭后栽培的模式。

第二节 药用植物社区利用

云岭乡永支村的调查表明，永支村村民经常使用的药物共约91种，其中植物药约70种(表6-5)，分别属于45个科64属，其中菌类植物5种，地衣植物1种，蕨类植物2种，裸子植物3种，被子植物约59种(双子叶植物46种，单子叶植物13种)。其中，治疗感冒14种，风湿10种，跌打损伤9种，肝胆病6种，拉肚子7种，心血管病13种，肠胃病4种，妇科病4种，眼疾3种，呼吸系统疾病5种，牙病1种。除去外来的5种植物药，分布在村子周围(往返2小时以内行程)，也就是分布在海拔2100～2600米以内的植物约有41种(其中栽培的4种，即茴香、菖蒲、草乌、香椿)，占63.1%。分布在距村子往返2小时以上5小时以下，即海拔2600～3200米的植物约有16种，占24.6%。而分布在离村子较远的高山牧场上的植物约有8种，占12.3%。

表6-5 永支村药用植物利用情况

中文名	学名	分布生境	药性	主治	用部	采集季节	配方
贝母	*Fritillaria* spp.	3500米以上雪山	养气	"赤巴"；肠胃病；妇科；心血管病等任何慢性病	鳞叶	6～7月	可单可混
三颗针	*Berberis* spp.	广布	抗菌	感冒；"赤巴"痢疾；肠胃炎	黄色茎皮	9～10月	配甘草、菖蒲
十大功劳	*Mahonia fortunei*	村子周围	抗菌	感冒；"赤巴"痢疾；肠胃炎	黄色茎皮	全年	配甘草、菖蒲
百家香(刺臭椿)	*Ailanthus vilmoriniana*	河边		头昏、头痛	树脂		
白蜡树	*Fraxinus chinensis*	2800米左右沟谷	消炎	眼睛痒；洗伤口、疮、癣；治风湿等	茎皮	四季	单用
虫草	*Cordyceps sinensis*	高山牧场草丛中	安神	虚弱；胃炎；风湿；妇科等任何病症	全株		常与贝母同煮
珠子参(钮子七)	*Panax japonicus* var. *major*	2800～3600米林下	活血解毒	风湿骨痛；心脏病；高血压	根	9～10月	

（续）

中文名	学名	分布生境	药性	主治	用部	采集季节	配方
重楼	*Paris polyphylla*	林下	小毒	淋巴结核，腮腺炎；风湿，跌打等	根	9月	配甘草及其他胃药
波棱瓜	*Herpetospermum caudigerum*	2800米高大草丛中	化肠、催吐	"赤巴"	果		藤本
胡黄连	*Picrorhiza scrophulariiflora*	雪山上匍匐茎	味苦	感冒	根	8~9月	
菖蒲	*Acorus calamus*	沟边或菜地边	小毒	痢疾；肠胃炎	根	9~10月	配黄连、山乌龟
天麻	*Gastrodia elata*	2800米左右林下	活血	高血压；心脏病	块根		
野牡丹	*Melastoma malabathricum*	2700米以下林缘	消炎	洗伤口、疮、癣等；眼睛痒；风湿骨痛等	根皮		
香椿	*Toona sinensis*	村边、栽培		过敏等皮肤病	嫩叶		
雪上一枝蒿(小白撑)	*Aconitum nagarum var. heterotrichum*	高山草甸	大毒	风湿、慢性心脏病	根		
茴香	*Foeniculum vulgare*	栽培		牙疼、扁桃体炎	全草	全年	可与蛋或猪脚一起煮
卷叶黄精	*Polygonatum cirrhifolium*	林下、土肥	凉药	支气管炎	根		晒干研末配马勃或地蜘蛛(真菌)
小玉竹	*Polygonatum humile*	生于石头缝	凉药	支气管炎	根		晒干研末配马勃或地蜘蛛(真菌)
甘青青兰	*Dracocephalum tanguticum*	2800米左右	配药之王	感冒、肝炎等	全草	4月	什么药都可以配(增加药香味)
益智	*Alpinia oxiphylla*	从市场买来		风湿（腰酸腿疼）、妇科病	果		配松脂、虫草
黑刺莓	*Rubus rosifolius*	广布		跌打、筋骨痛	全草		
竹菌	*Engleromyces goetzi*	高山		杀寄生虫			

（续）

中文名	学名	分布生境	药性	主治	用部	采集季节	配方
柴胡	*Bupleurum tenue*	广布	祛热	感冒	全草		配黄草、黄连
云南松松脂（松节油）	*Pinus yunnanensis*	从市场买来		妇科（小肚子疼、尿解不出）			
黄果（橙子）皮	*Citrus sinensis*（甜橙）[*C. aurantium*（酸橙）]	从市场来		感冒	果皮		
滇紫草	*Onosma paniculatum*	3000米以上草坡	活血	血管及心脏病	全草	四季	配鼠尾草的红根
八角枫	*Alangium chinense*	2500米左右沟边	小毒	吃了头晕，但对风湿有效	根		配五爪金龙
雪莲花	*Saussurea involucrata*	4000米以上		心脏病；安神、失眠	全草		
展毛乌头（草乌）	*Aconitum carmichaelii* var. *truppelianum*	自种	中毒	胃炎等（风湿）	根		配树胡子、熊胆
竹黄	*Shiraia bambusicola*	高山		胃病			
秦归	*Spatholirion longifolium*	栽培	补血	虚弱症	根		
石榴	*Punica granatum*	栽培		感冒	果皮		
甘西鼠尾草	*Salvia przewalskii*	路边	活血	活血调经	红色根	9~10月	
姜	*Zingiber officinale*	栽培		感冒	根		
天名精	*Carpesium abrotanoides*	草丛中		治感冒	全草	夏秋	配仙鹤草、铁线莲
显脉石蝴蝶	*Petrocosmea nervosa*	岩/土壁阴湿露天处		心脏病、火烧伤	全草	全年	
草血竭	*Polygonum paleaceum*	栎树林下		拉肚子、痢疾	根		配小翻白叶
翠雀	*Delphinium grandiflorum*	稀疏山坡	有毒	杀（皮肤表面的）虫	枝叶		多用于牲畜
铁线莲	*Clematis florida*	沟谷		感冒	枝	夏秋	配仙鹤草、天名精

（续）

中文名	学名	分布生境	药性	主治	用部	采集季节	配方
五爪金龙	*Ipomoea cairica*	山坡矮灌丛中		藤、叶及花			配八角枫
滇西委陵菜	*Potentilla delavayi*	草丛中		痢疾	根		
树胡子（长松萝）	*Usnea longissima*	2900 米以上		胃炎			配附片
香樟	*Cinnamomum camphora*	村边		治眼病，亦可做佐料	果	10 月	
菝葜	*Smilax china*	广布		跌打、抽筋	茎		
天门冬	*Asparagus cochin-chinensis*	疏林灌丛中		支气管炎	根		配黄精（玉竹）、地蜘蛛（真菌）
侧柏	*Platycladus orientalis*	2700 米以下		风湿	树脂		
车前	*Plantago asiatica*	路边，地边广布	利尿	尿道感染等	根，籽	7~9 月	
酢浆草	*Oxalis corniculata*	路边、草地		感冒	全草	全年	
大狼毒	*Euphorbia jolkinii*	高山草地	大毒	止痛（麻醉作用）、刀伤	根	9~10 月	
土沉香	*Aquilaria sinensis*	干热河谷	助消化	化肠药、泻药			
山乌龟（地不容）	*Stephania epigaea*	广布	小毒	肠胃炎			
井栏边草	*Pteris multifida*	阴湿之地		肝炎	根		
马勃	*Lasiosphaera seu*	林下		支气管炎；止血	子实体		配黄精（玉竹）、天门冬
地蜘蛛	*Geastrum hygro-metricum*	林下沙土地		支气管炎；止血	子实体		配黄精（玉竹）、天门冬
地丁草	*Corydalis bungeana*	林下或阴暗潮湿之地	消炎、化脓	治皮肤溃烂，生疮	全草	9~10 月	单方
石豆兰	*Bulbophyllum otoglossum*	岩石上	凉药	支气管炎	全草	四季	

（续）

中文名	学名	分布生境	药性	主 治	用部	采集季节	配方
石斛（黄草）	*Dendrobium nobile*	岩石上	凉药	支气管炎	全草	四季	
龙芽草（仙鹤草）	*Agrimonia pilosa*	草地中		治痢疾；止血（内外）	根		配野三七
石蒜（忽地笑）	*Lycoris radiata*	草坡		扭伤、肿、化脓	根	9～10 月	单用或配犁头草
食蕨	*Pteridium esculentum*	疏林中，多岩石之处			根		
云南松（花粉）	*Pinus* spp.	低海拔山坡	干，滑补气	防新生儿皮肤溃烂；治哮喘	花粉	3 月 15～20 日	
一把伞南星	*Arisaema erubescens*	广布	小毒	风湿关节炎、肠炎、胃炎	根		配山乌龟、甘草（1：1：0.3）研磨，生吃配甘草和其他胃药
紫金龙	*Dactylicapnos scandens*	沟谷		感冒、贫血、胃溃疡等	全株	5～10 月	配方（25 味）

第三节　社区药用植物保护

一、参与式调查

与以往的以学院派植物学家为主导的传统调查方法不同，考虑到调查的目的不仅是通过发表学术论文等形式让外界了解梅里雪山地区药用植物资源的总体情况，更重要的是使当地的主要资源利用者（藏医）通过实地调查切身感受本地资源的变化状况，从而逐步实现从资源利用者到资源保护者的变化，因此采用了一种以乡土专家为主导的参与式调查方法。即这种参与式调查本身就是实现药用植物保护的第一个步骤。考虑到调查的特殊性，在遵循保护生物学基本原理和方法的前提下，从调查方法的设计、调查技术路线的确定、重点物种的选择等方面充分考虑了当地藏医的建议。

如对某个物种重要性的确定，除了考虑《国家重点保护野生动物名录》和《濒危野生动植物种国际贸易公约》(CITES)名录，乡土专家根据其在藏医药中的地位而给出的评分值也是重要的参考因素。

调查选取了具代表性和典型性的河谷地段(2500 米以下)、中山山区(2500~3300 米)和高寒山区(3300 米以上)，在 1 年中三个不同的季节(4 月、6 月~7 月、9 月)，对该区域的藏族药用植物资源与使用进行了实地调查。调查队由当地知名藏医药专家和民间组织德钦藏医药研究会成员一行 10 人组成。调查共采集和记录重要藏药植物 144 种，隶属于 63 科126 属。生活型主要包括多年生草本(116 种，占 81%)和乔灌木(22 种，占 15%)，其余藤本、寄生植物等共 6 种。调查表明，梅里雪山地区具有丰富的药用植物资源。在调查和记录的 144 种重要藏药植物中，有各级别保护野生植物 8 种(国家一级、二级保护野生植物 4 种，CITES 收录的 4种)。植物濒危程度的评估分值统计显示：资源较濒危(分值 4~5 分)的植物有紫檀(*Pterocarpus indicus*)、水柏枝(*Myricaria germanica*)、刺红珠(*Berberis dictyophyll*)、胡黄连(*Picrorhiza scrophulariiflora*)、水母雪莲花(*Saussurea medusa*)等 37 种(占 26%)；多数植物资源濒危分值为(2~3 分)。另外，调查发现存在规模化商业采集的植物种类有 11 种，其中 9 种因过度采集而使当地资源面临枯竭。

二、建立社区保护地

针对人工无序采集和过度放牧两项红坡村药用植物所面临的主要威胁因子，结合当地藏族居民资源利用要求和文化传统，对于在目前条件下难以开展种植实验的大部分药用植物，采取了就地建立社区保护地的形式进行保护。根据野外调查结果和现阶段受威胁的程度，选择了红坡河上游两岸的约 9000 公顷山林作为保护范围。主要采用的保护手段：①结合藏族文化传统，将社区保护地设为日卦(具有文化意义的传统封山区)；②结合国家退牧还草项目，对保护地中的人畜通道及部分区域进行围栏保护；③采取参与式工作方法，制订社区保护地的村规民约。

大量的实践表明，社区药用植物保护地能有效保护重要种源。藏族是一个具有悠久历史和独特文化传承的民族，在众生平等基础上形成的自然观，使地球上的各种生物在藏族文化中被赋予了生命的尊严。千百年来，是文化的力量使藏民们在世界的"第三极"青藏高原繁衍生息，与大自然和谐相处。在梅里雪山这样的传统藏区，人们自觉地遵守文化法则通常比任何政法令更有效力、更持久。日卦，通常是为了可持续利用社区资源、保护水源、防止水土流失、保护重要景观等原因，通过文化仪式对某些特定区域进行封山。红坡村的社区药用植物保护地通过结合国家"退牧还草"项目进行部分区域的围栏保护、邀请高僧大德设立较大范围的日卦、采取参与式工作方法订立"社区保护地村规民约"，很好地实现了社区层面上许多药用植物的种源保护。表6-6是社区保护地调查到的72种药用植物。

表 6-6　红坡村社区保护地藏族药用植物名录

中文名	学名	藏名
方枝柏	*Sabina saltuaria*	所巴查勒间
高山松	*Pinus densata*	唐新
卷叶黄精	*Polygonatum cirrhifolium*	热尼
轮叶黄精	*Polygonatum verticillatum*	咯尼
卧生水柏枝	*Myricaria rosea*	温布
雪上一枝蒿	*Aconitum racemuiosum*	则巴
小檗	*Berberis lijiangensis*	结巴
小叶十大功劳	*Mahonia microphylla*	结给
巴塘紫菀	*Aster batangensis*	陆穹
商陆	*Phytolacca acinosa*	巴乌嘎保
大籽蒿	*Artemisia sieversiana*	坎巴
雪莲花	*Saussurea involucrata*	恰高素巴
蒲公英	*Taraxacum dissectum*	克尔芒
川贝母	*Fritillaria cirrhosa*	阿比卡
羊齿天门冬	*Asparagus filicinus*	泥兴柴玛没巴
菖蒲	*Acorus calamus*	徐达（那保）
一把伞南星	*Arisaema erubescens*	达哇
刺楤	*Ailanthus vilmoriniana*	苟固陆
西藏秦艽	*Gentiana tibetica*	解吉那保

（续）

中文名	学名	藏名
黄背栎	*Quercus pannosa*	门恰热
滇牡丹	*Paeonia delavayi*	白马赛保
云南锦鸡儿	*Caragana franchetiana*	查玛
宽筋藤	*Tinospora sinensis*	里只
掌叶大黄	*Rheum palmatum*	算摸
圆穗蓼	*Polygonum macrophyllum*	邦然姆
贡山蓟	*Cirsium bolocephalum*	松查
密花香薷	*Elsholtzia densa*	齐柔（那保）
云南黄芪	*Astragalus yunnanensis*	希塞嘎保
巴塘报春	*Primula bathangensis*	相者色保
西南虎耳草	*Saxifraga signata*	松滴
白刺花	*Sophora davidii*	机瓦
高山桦	*Betula delavayi*	卓巴
小叶荆	*Vitex negundo* var. *micriph*	古嘎布
香白蜡树	*Fraxinus suaveolens*	朵色
沙棘	*Hippophae rhamnoides*	达布
樱草杜鹃	*Rhododendron primuliflorum*	答鲁
越橘叶忍冬	*Lonicera angustifolia* var. *myrtillus*	庞玛
藏马兜铃	*Aristolochia griffithii*	巴勒嘎
甘川铁线莲	*Clematis akebioides*	机米扎波
漆树	*Toxicodendron vernicifluum*	贼升
小叶栒子	*Cotoneaster microphyllus*	擦追
峨眉蔷薇	*Rosa omeiensis*	色瓦
刮筋板	*Excoecaria acerifolia*	索玛
陕甘瑞香	*Daphne tangutica*	色新那玛
沉香	*Aquilaria agallocha*	阿嘎入
高山大戟	*Euphorbia stracheyi*	吹布
大花龙胆	*Gentiana szechenyii*	冈嘎琼曼巴
甘青老鹳草	*Geranium pylzowianum*	拉冈
草血竭	*Polygonum paleaceum*	拉冈永巴

（续）

中文名	学名	藏名
舟叶囊吾	*Ligularia cymbulifera*	垄肖
密穗黄堇	*Corydalis densispica*	甲打丝瓦
委陵菜	*Potentilla chinensis*	久迟
高山唐松草	*Thalictrum alpinum*	俄机久
西南獐牙菜	*Swertia cincta*	帝答
牻牛儿苗	*Erodium stephanianum*	帝答裹玛
山莨菪	*Anisodus tanguticus*	汤戳乃波
大狼毒	*Euphorbia jolkinii*	滩怒
长莛鸢尾	*Iris delavayi*	折玛
西藏杓兰	*Cypripedium tibeticum*	独布将区
甘青青兰	*Dracocephalum tanguticum*	追央古
云南龙胆	*Gentiana yunnanensis*	崩坚噶布
甘青乌头	*Aconitum tanguticum*	磅噶
云南金莲花	*Trollius yunnanensis*	磅色
滇川翠雀花	*Delphinium delavayi*	雀贝果
珠子参（大叶三七）	*Panax japonicus* var. *major*	玛热果能
紫红獐牙菜	*Swertia punicea*	撒帝
猪殃殃	*Galium spurium*	撒则噶波
云南柴胡	*Bupleurum yunnanense*	瑟拉色波
穗花荆芥	*Nepeta laevigata*	煞杜那波
桃儿七	*Sinopodophyllum hexandrum*	喂摸色
珠芽蓼	*Polygonum viviparum*	冉布
瑞香狼毒	*Stellera chamaejasme*	热加瓦

三、开展基地种植

根据野外调查的结果，在综合分析濒危状况、原材料需求量、现有种植技术水平、基地种植条件等基础上，藏医药协会的专家对物种进行评估和筛选，最后选定 11 个物种开展人工种植实验。根据不同品种对海拔、光照和土壤的不同要求，分别在红坡村的六社以北的一片 20 亩的向阳山地(此处海拔 2800 米)进行干香柏(*Cupressus duclouxiana*)、刺楸(*Ailanthus vilmoriniana*)、沙棘(*Hippophae rhamnoid*)3 个物种的种植实验;在南佐村一片 10 亩的林地阴坡(海拔约 3000 米)开展锥序山矾(*Symplocos sumuntia*)、宽筋藤(*Tinospora sincnsis*)、藏红花(*Carthamus tinctorius*)、安息香(*Styrax tonkinensis*)、藏木香(*Inula helenium*)、木香(*Aucklandia lappa*)、七叶一枝花(*Paris polyphylla*)、甘青青兰(*Dracocephalum tanguticum*)、秦艽(*Gentiana macrophylla*)9 个物种的种植实验;在日咀村的一家农户庭院(2100 米)开展了毗黎勒(毛诃子)(*Terminalia bellerica*)、马钱子(*Strychnos nux-vomica*)、五味子(*Schisandra chinensis*)、肉桂(*Cinnamomum cassia*)4 个物种的种植实验。

对人工种植基地进行调查表明,1 年后试验种植的 16 种重要植物中,11 种试验种植成功,种植成功率 68%。海拔 2800 米,红坡村六社北片向阳山地干香柏、刺楸、沙棘 3 个品种都得到了保存,种植成功率 100%。海拔约 3000 米,南佐村片林地阴坡锥序山矾、藏木香、木香、七叶一枝花、甘青青兰、秦艽 6 个品种得到了保存,而藏红花、安息香、宽筋藤没能试种成功,种植成功率 67%。海拔 2100 米,日咀村的农户庭院种植五味子、肉桂 2 个品种得以保存,而毗黎勒(毛诃子)、马钱子 2 个品种没能种植成功,种植成功率 50%。人工种植结果表明,只要参考地理条件和气候因素,并遵循专业、合理的技术手段,许多藏药材的人工栽培是完全可以实现的。同时,也注意到由于海拔和气候的巨大差异,有些取材于异地的药用植物人工栽培难度较大,如毗黎勒、马钱子。

四、药用植物及藏医药知识培训

为了推动藏族药用植物的合理利用和保护,发掘、整理和保护该地区的藏医药知识,开展了连续两年共 5 次的药用植物及藏医药知识培训。每次培训持续约 15 天。培训对象大都来自红坡村及附近村落受过一定藏医专业教育的年轻藏医及有一定的藏文化基础的农村青年。针对学员们的需求和梅里雪山地区药用植物保护的要求,培训内容以藏医药基本理论和应用知识为基础,同时增加了现代保护生物学的一些基本方法和理论。培训中充分注意了课堂教学、野外实践与实际操作的有效结合。

充分发掘社区藏医知识是社区药用植物保护的一个重要途径。藏药主要来自植物、动物和矿物。天然藏药材是藏医临床用药的各种藏药制剂研究开发及可持续发展的物质基础。藏医有系统而完整的理论体系，在这些理论中，有许多是可持续利用药物资源的知识。目前，一方面藏医受到西医的冲击，藏族医学知识有加速的流失的危险，特别是云南藏区的藏医学散落在民间，需要抢救性的整理、传承；另一方面，在经济利益的驱动下，对药用植物不合理的采集方式使许多物种面临威胁。另外，在农村医疗体制不完善的梅里地区，人们的健康状况往往直接左右一个家庭的贫困程度，而提高经济状况的手段却主要依赖于自然资源利用。因此，以强调合理利用药用植物资源兼顾提高藏医诊疗水平的基层藏医知识培训有重要的现实意义。在梅里地区开展的 5 次药用植物及藏医药知识培训，涉及 8 个自然村，前后参加培训的学员达 40 多人，不仅使行医多年的藏医重新梳理理论知识，融会贯通，而且在资源调查、可持续采集、人工栽培等方面获得了极大的提高，从而为梅里雪山地区药用植物的保护提供了人才储备。

五、小　结

药用植物不仅是一类重要的生物资源，而且也是一类具有社会、经济和文化等价值的自然资源，因此除了具有生物资源的共性（如具有群落性、解体性、可再生性等）外，同时还受社会、文化和经济等诸多因素的影响。因此，对药用植物资源的保护具有不同于其他自然资源保护的特殊性。当地社区群众通常是周边自然环境中药用植物资源的直接采集者和利用者。采集药用植物资源不仅是他们维护健康的需要，同时也是经济、文化和生计的需要。因此，当地社区应该成为药用植物资源保护和可持续利用的主要力量。

目前，国内外对自然资源的保护主要采用两种措施，即迁地保护和就地保护。这两种保护途径都能为动植物资源的保护作出巨大贡献，但每种方法也都存在一定的局限性。如就地保护中的自然保护区方式，采取对自然资源的采集、利用严格限制的管理方式，容易造成与当地群众的生活和生产之间的冲突；而迁地保护也只能对有限的物种进行保护，且不能保护物种的所有遗传基因类型，迁地保护尚无法惠及所有受到威胁的物种。因此，在传统的迁地保护和就地保护方法中探索社区参与下的新途径是实现药用植物有效保护的重要方向。

在产业化开发背景下，传统藏医药正朝两个方向发展：一是传统医药的传统应用，现今在广大藏区传统藏药仍维持相当广泛的应用；二是传统藏药的商业化和产业化开发。尽管后者对带动藏区经济发展起到了积极作用，但应密切关注产业开发对资源、环境的破坏。青藏高原是一个特殊的生态地理区域，其药用植物资源独特，应针对藏药资源的特点，制定相应的资源保护、监管以及栽培研究的策略，满足产业开发对资源持续性的需求。

（1）藏药资源种类丰富，有必要进一步调查、研究、发掘新的药源。

（2）藏药资源使用仍以采集野生资源为主，恶劣的自然环境条件抑制人们开展栽培。而在资源枯竭推动下，又被迫开展栽培。应改变这种先枯竭、后栽培的不合理模式，制定相应的鼓励措施，及时监测资源的变化，及早开展栽培研究。

（3）现在藏药资源的商业收购缺少监管，应采取相关措施，防止因商业收购引起的资源枯竭，尤其对于高山逆境中的植物类群。

第七章 ▶▶▶

生物多样性保护规划

第一节 资源条件评价

梅里雪山地处"三江并流"世界自然遗产核心区和全球生物多样性热点区域，是"三江并流"景观资源类型最集中的分布区和澜沧江流域景观资源重点示范区。梅里雪山作为藏区主要圣山之一，是藏民族顶礼膜拜的"神山"和藏传佛教的朝觐圣地。

一、资源十分丰富，极具科研、保护和审美价值

梅里雪山主体位于云南省迪庆州德钦县境内，东面以白马雪山山脊线（即白马雪山自然保护区边界）为界，西面以梅里雪山山脊线（即云南省与西藏自治区的省界）为界，南面以德钦县云岭乡的南侧乡界为界，北面以外转经路线北侧第一道山脊线为界，总面积约 1600 平方千米，占德钦县总面积的 21.8%。包括德钦县云岭乡全境，升平镇和佛山乡部分村社，共10 个行政村。根据 2020 年年末统计，共有人口 15841 人，农户 3938 户。

(一)资源种类繁多

梅里雪山资源分为物质资源和非物质资源两大类，自然物质资源、人文物质资源和民俗民风三个种类以及雪山、冰川、动植物等 22 个小类。共有 163 个资源单元，其中物质资源有 135 个，占总数的 82.8%；非物质资源有 28 个，占总数的 17.2%。物质资源中，自然物质资源有 106 个，占总数的 65.0%，人文物质资源有 29 个，占总数的 17.8%。

(1)自然物质资源包括 13 座雪山、5 座冰川、2 座裸岩、2 座高山流石

滩、1 条峡谷、10 个垭口、6 条河流、5 个湖泊、6 个温泉、2 条瀑布、19 种植被类型、17 种珍稀植物、16 种珍稀和濒危动物以及 2 个自然天象奇观。

（2）人文物质资源包括 32 个村落、10 座寺庙、2 条转经路线及茶马古道。

（3）非物质资源包括 28 项民俗民风、10 项节假庆典、15 种民族民俗、2 项宗教礼仪。

（二）资源价值极高

区域内资源具有典型的地质学和动植物学研究价值、生物多样性保护价值、珍贵的历史、民族文化价值和独特的自然、人文景观审美价值。其中，具有省级以上保护价值和代表性的资源所占比重较高，重要性较高的资源构成了梅里雪山区域资源现状的主体。

（1）特级资源：具有世界遗产价值与意义，对世界范围内的游客具有吸引力的珍贵、独特资源单元达 42 处，如卡瓦博格峰、明永冰川、裸岩、高山流石滩等地质地貌和植被资源；黄牡丹、胡黄连、金铁锁等植物资源；大灵猫、云豹等动物资源。

（2）一级资源：具有国家重点保护价值和国家代表作用，对国内公众具有吸引力的罕见资源单元有 63 处。

（3）二级资源：具有省级重点保护价值和地方代表作用，对省内游客具有吸引力的资源单元有 43 处，占资源总数的 26.4%。

（4）三级资源：具有一定价值和游线辅助作用，有市县级保护价值和相关地区吸引力的资源单元有 13 处。

（5）四级资源：具有一般价值和构景作用，在区域内或当地具有吸引力的资源单元有 2 处。

二、生境特殊而脆弱，保护任务繁重

（一）资源敏感度高，显示出生境高度的脆弱性

梅里雪山区域生境脆弱，各类敏感资源所占比重高达 63.8%，在保护地建设和管理过程中必须采取有效措施加以保护。区域内资源按 5 个敏感度等级进行评价，分布情况如下"：

(1)极敏感资源：资源极其脆弱，一定范围内的接近就可导致资源属性的破坏，或造成破坏后资源极难恢复的资源单元有 51 处，占资源总数的 31.3%。

(2)很敏感资源：进入或贴近即可导致该资源属性的破坏，或遭破坏后资源很难恢复的资源单元有 6 处，占资源总数的 3.7%。

(3)敏感资源：较小程度的进入或贴近即可导致该资源属性的破坏，或遭破坏后资源难以恢复的资源单元有 47 处，占资源总数的 28.8%。

(4)较敏感资源：较大程度的进入或贴近才可导致该资源属性的破坏，或遭破坏后资源较难恢复的资源单元有 44 处，占资源总数的 27.0%。

(5)一般资源：一般的进入或贴近基本不会导致该资源属性的破坏，或遭破坏后资源较易恢复的资源单元有 15 处，占资源总数的 9.2%。

(二)濒危资源种类多、数量大，保护任务十分艰巨

梅里雪山区域有保护资源单元 153 处，三级保护以上的资源比重达 35.6%，其中一级保护资源单元达 35 处之多，占资源总数的 21.5%，区域内资源保护难度大，任务重。

第二节　保护地建设优劣势分析

一、有利条件

梅里雪山生物多样性丰富，是云南省景观丰富壮观、民族风情多彩，极具神秘色彩的自然区域。复杂的地形地貌、变幻莫测的气候、珍稀特有的动植物、美轮美奂的冰川雪山以及独特浓郁的民族风情构成了梅里雪山的景观特色。

(一)生物多样性丰富完整

梅里雪山自然生态植被完整，垂直生态系列十分明显，从澜沧江河谷到主峰卡瓦格博峰，海拔相对高差 4700 余米，其植被类型依次表现为亚热性干旱小叶灌丛、暖温性半干旱灌丛及半湿润针阔叶林、寒温性针叶林、高山灌丛草甸及流石滩疏生植被、终年积雪带 5 个垂直生态系列。在不到一个纬度的范围内包含了相当于半个地球的水平带生态景观，使之成为世界同纬度地区罕见的、生物多样性最丰富的地区。区域内有种子植物近2800种，分别相当于被认为是中国生物多样性最丰富的西双版纳种子植物种数(4000余种)的72%和整个西藏自治区所拥有的种子植物种数(5000余种)的58%。同时，珍稀物种和起源古老的树种多，是梅里雪山又一大特色。如起源古老的裸子植物，全世界仅剩下12个科200多种，而梅里雪山就有松科、柏科、红豆杉科和麻黄科4个科22种。另外，梅里雪山及附近区域动物种类繁多。据初步统计，属国家一级保护野生动物的有滇金丝猴、金钱豹、班尾榛鸡、胡兀鹫、雉鹑等，属国家二级保护野生动物的有水鹿、斑羚、猕猴、小熊猫、鬣羚等，共计达20多种。

(二)地质地貌景观独特险峻

根据世界自然保护联盟专家的实地考察评价，梅里雪山全面系统地展现了世界自然遗产地四条评价标准，展示了古特提斯演化遗迹，代表了二叠纪以来地球南北陆地板块碰撞演化的特殊历史进程，以及云南古夷平面解体与青藏高原隆升的进程，是三江并流世界自然遗产的模式地。同时，梅里雪山是山岳冰川演化及其景观的杰出模式地和现代河流、冰川、坡面块体运动的模式地以及地质多样性和生物多样性灵巧组合的模式地，还是藏传佛教之宇宙观浓缩于梅里雪山腹地的雪峰、瀑布与绿色山岳而体现出的"天人合一"理念的杰出模式地。

(三)民族文化浓郁多彩

卡瓦格博被藏区群众尊为神的化身，是藏民族顶礼膜拜的"神山"和藏传佛教的朝觐圣地，藏传佛教信徒围绕神山的转经活动已持续700多年，每年的秋末冬初，云南、西藏、四川、青海、甘肃等地的大批信徒赶来朝拜，匍匐前行的场面十分壮观，再现了藏传佛教文化的精髓，构成了我国藏区宗教文化的重要内涵。另外，梅里雪山具有南北方文化交融和东西方文化荟萃的多元、包容与博大的文化特色，是多信仰、多文化、多习俗和谐共融的民族大观园。不仅历史文化积淀厚重，而且民族文化和民俗风情十分浓郁。神奇多姿的民族文化、和谐相融的多种宗教信仰，提供了丰厚的人文资源，是香格里拉文化的重要载体，是潜在的世界级地质生态旅游与文化旅游区。

（四）区位特点突出

梅里雪山地处三江并流世界自然遗产的核心区，"茶马古道"黄金旅游线路的要冲，是内地通往西藏、印度、尼泊尔的重要枢纽，是云南、四川、西藏毗邻地区重要的物资集散地和政治、经济、文化交流的重要通道，是滇西北地区从老君山沿澜沧江至梅里雪山、从香格里拉经金沙江至梅里雪山、从怒江大峡谷经贡山至梅里雪山三条环线的重要交汇点，对老君山、千湖山、怒江大峡谷等滇西北重要的非自然保护区保护地建设具有较强的带动示范作用。

（五）品牌优势明显

梅里雪山在国内外享有极高知名度，是著名的文化品牌。梅里雪山拥有北半球纬度最低的低海拔大面积现代冰川。其中，明永冰川经过上万年的生长、延伸、挤压、再延伸，形成由扇形、台形、舌形三部分组成的天然奇观，是我国运动速度最快的冰川。梅里雪山主峰卡瓦格博峰海拔6740米，是一座宏伟壮观的金字塔形雪山，瑰丽的太子十三峰各显雄姿，气宇非凡，是世界上攀登难度最大的山峰之一，至今没有人能够登顶，是世界上少有的"处女峰"，被誉为"皇冠上的钻石"和"世界上最美丽的雪山"。另外，从云雾中倾泻而出的落差近千米的"雨崩神瀑"以及相对高差达4700多米、世界上最深峡谷之一的澜沧江大峡谷等自然奇观，构成了梅里雪山世界自然遗产的一流自然美与文化美相结合的景观资源和得天独厚的人文资源。

（六）保护与生态旅游工作取得初步进展

一是开展资源调查。从20世纪90年代至今，德钦县政府与省"三江办"、云南大学、云南省林业和草原科学院、云南省社会科学院、中国科学院昆明植物研究所、香格里拉高山植物园、大自然保护协会、密苏里植物园、康奈尔大学、卡瓦格博文化社等机构和组织合作在梅里雪山地区开展了藏族文化、植被、重点物种、民族植物学、传统生计与可持续发展等方面的调查和调研。

二是编制规划。2002年，清华大学协助云南省"三江办"编制完成了《三江并流世界自然遗产梅里雪山风景区总体管理规划》。2004年，迪庆州政府组织"梅里雪山雨崩生态旅游景区开发策划"。2005年5月、6月，

《梅里雪山保护管理条例草案》通过了专家讨论。2005年9月迪庆州政府发布了《梅里雪山、碧塔海属都湖景区管理办法(暂行)》。2008年,《香格里拉梅里雪山国家公园总体规划》通过云南省相关部门批准,成为我国最早一批进行国家公园试点的地区。

三是实施了森林资源保护工程。自1999年开始,整个梅里雪山地区的森林资源都被纳入了天然林资源保护工程。在工程试点期间,共完成人工造林近千公顷,人工促进天然更新2000多公顷、封山育林3000多公顷,并从2002年实施了退耕还林项目。

四是实施替代能源项目。从2004年开始,德钦县政府已在梅里雪山地区建造农户用沼气池2000余口,示范太阳能600余户,节柴灶近千户。

五是加强宣传和教育。通过《国家地理》杂志、中央电视台等国内外著名媒体的报道,吸引国内、国际社会对这一地区的关注。在德钦县各小学开展的"学校环境教育""梅里雪山文化年"等活动,进一步发扬了藏族文化独特的自然观,增强了当地居民的文化自豪感和自然保护意识。

二、不利因素

(一)经济基础薄弱,服务设施不完善

梅里雪山所在地德钦县原是国家级扶贫工作重点县,生产力发展水平低,经济社会发展落后,县域经济综合实力十分弱小。因此,建设资金不足是保护地建设的最大制约因素。2019年,在全省129个县(市、区)中,德钦县总人口居128位,地区生产总值居122位。交通运输完全依靠公路,但公路等级还较低,通达能力差。乡村尚未全部实现油路改造,有些村公路晴通雨阻。同时,由于投资建设能力弱,现有旅游点接待和安全服务设施不足。硬件建设粗放且不规范,游道、标识牌、休憩点、卫生、安全等设施不足,且布局不尽合理。

(二)资源保护和生态建设压力较大

近年来,梅里雪山地区旅游人人数增长,从1995年以前的不足万人,增长到2010年以后创纪录的50万人以上,这也使梅里雪山一些区域的自然环境面临较大的压力。局部范围内的过度采集薪柴和砍伐建筑用材,引起这些区域森林生态系统结构的变化,甚至使部分社区的森林资源总量呈

减少趋势。同时，还有一些区域的过度放牧，一方面使澜沧江河谷两岸的干暖河谷植被及草地受到严重破坏，沙质化程度日趋严重；另一方面使某些高山天然草场资源退化的速度加快，直接威胁到该地区特有、保护价值高的高山复合体生态植被类型。另外，缺乏科学规划的基础设施建设和缺乏科学管理的旅游开发，导致区域内局部生境的片段化和破碎化，过度采集一些高经济价值的非木材植物，致使其中某些物种的总量下降，甚至处于濒危境地。

（三）科学合理的管理体系尚未建立

目前，林业、旅游、环保、土地等部门按职能对梅里雪山区域行使管理权，形成多头管理局面，加之各个部门、当地基层政府、社区之间的利益格局复杂，导致区域内资源的所有权、经营权、管理权和收益权界定不清，条块分割，不能实现集中统一的管理，进而制约管理水平和效率的提升。同时，针对已开展旅游活动的景区，虽设有专门管理机构，但管理机构权限及管理区域尚未明确定位，管理机构对社区缺乏统一的管理思路。由于管理权与经营权尚未清晰分开，采取自我管理、自我经营的模式，导致管理力量薄弱。同时，由于经营观念落后，营销力度不够，旅游总收入还十分有限。另外，各管理部门局部利益考虑多，为整个区域长远保护和可持续发展思考少，导致与生物多样性保护相关的项目资金投入少，硬件设施老化，发展缺乏活力。当地生态产品的经营市场化程度低，竞争格局没有形成。由于没有规范化的社区参与机制，社区群众参与保护的积极性受到影响。

第三节　保护地规划及建设目标

一、规划方法

保护行动规划（conservation action plan，简称 CAP）是由世界上一些主要的保护组织，如大自然保护协会（TNC）等的科学家们经过长期的实践而形成的一个逻辑性区域保护策略制定方法。自 20 世纪 80 年代以来，该方法被广泛运用于世界上许多国家公园的生物多样性保护策略制定。目前，该方法也已经开始用于我国一些保护区的管理目标制定过程中。CAP 主要包括 4 个过程：①根据重要程度，确定优先保护对象；②对已经确定的保护对象进行威胁因子分析；③为保护对象制定提高其生存状况、削减威胁因子的保护策略；④在保护过程中进行动态的成效评估，在评估的基础上，对整个过程的各个环节进行适应性调整。CAP 逻辑框架过程如图 7-1 所示。

图 7-1　保护行动规划（CAP）逻辑框架

二、生物多样性保护对象

按照保护行动规划（CAP）的逻辑框架，从重要性和受威胁程度考虑，根据保护该区域生态系统的完整性和稳定性，在物种、生态系统和植被三层次上确定了保护对象。

（一）高山生态系统（高山复合体）

梅里雪山高山生态系统是指分布于海拔 4000 米以上的高山灌丛、高山草甸、高山流石滩。这是梅里雪山景观最独特、特有物种最丰富、脆弱程度最高的生态系统。它不仅是滇西北许多高山特有物种，如冬虫夏草（*Cordyceps sinensis*）、胡黄连、玉龙蕨（*Sorolepidium glaciale*）、多种雪莲（*Saussurea* spp. ）的富集区，同时也是澜沧江众多支流的水源供给地，能够指示区域性全球气候变化特征，具有极高的美学观赏价值和科学研究价值。该生态系统是梅里雪山需要重点保护的生态系统之一。梅里雪山高山生态系统在植被层面主要包括高山杜鹃灌丛、高山草甸、高山流石滩、冰雪带。

(二)森林生态系统

森林生态系统对梅里雪山整体生态系统稳定和平衡，调节区域气候起着非常重要的作用。梅里雪山保护地需要重点保护的森林生态系统类型主要包括寒温性针叶林、针阔混交林、硬叶常绿阔叶林。寒温性针叶林分布于海拔 3200~3800 米，主要包括云冷杉林及少量零星分布的落叶松林，是该区域保存相对完整的自然林之一。该群落类型的主要优势种是冷杉和云杉属，是许多珍稀濒危动植物的栖息地。针阔混交林是梅里雪山植物物种多样性最为丰富的类型，分布范围 2500~3300 米，许多保护物种例如云南红豆杉（*Taxus yunnanensis*）、澜沧黄杉（*Pseudotsuga forrestii*）、黄牡丹（*Paeonia delavayi*）、滇藏木兰（*Magnolia campbelii*）、水青树（*Tetracentron sinense*）等在其中均有分布。硬叶常绿阔叶林主要分布于 3100~3700 米，主要包括川滇高山栎群系（Form. *Quercus arquifolioides*）和黄背栎群系（Form. *Quercus pannosa*）两群系。硬叶高山栎林对于大陆板块运动以及喜马拉雅抬升运动研究，具有极高的地质研究价值。同时，硬叶高山栎林是当地许多鸟类及爬行和哺乳类动物的栖息场所。

(三)珍稀濒危动植物

梅里雪山重点保护珍稀濒危植物见表 7-1。

表 7-1　梅里雪山重点保护珍稀濒危植物名录

植物名称	分布	保护级别
云南红豆杉 *Taxus yunnanensis*	2800~3300 米的潮湿针阔混交林	国家一级
独叶草 *Kingdonia uniflora*	3900~4000 米亚高山杜鹃林湿地	国家二级
玉龙蕨 *Sorolepidium glaciale*	4300 米以上的高山流石滩	国家一级
澜沧黄杉 *Pseudotsuga forrestii*	2600~2850 米的针阔混交林	国家二级
水青树 *Tetracentron sinense*	2200~2800 米的山谷阔叶林	国家二级
黄牡丹 *Paeonia delavayi*	3000~3600 米的灌丛或针阔混交林	渐危物种
星叶草 *Circaeaster agrestis*	3800 米亚高山岩石的苔藓层	重点保护
雪莲 *Saussurea involucrata*	4300 米以上高山流石滩	国家二级
胡黄连 *Neopicrorhiza scrophulariiflora*	4000 米以上的高山草甸及灌丛	国家二级
松茸 *Tricholoma matsutake*	硬叶常绿阔叶林、针阔混交林	国家二级
冬虫夏草 *Ophiocordyceps sinensis*	4000 米以上的高山草甸、砾石草甸	国家二级

　　动物方面，梅里雪山区域内国家一级保护野生动物有林麝、马麝、斑尾榛鸡、胡兀鹫、雉鹑和金雕等；二级保护野生动物有水鹿、猕猴、黑熊、小熊猫、斑灵狸、大灵猫、小灵猫、鬣羚、斑羚、岩羊、藏雪鸡、血雉、藏马鸡、勺鸡、雕鸮、雀鹰、松雀鹰、高山鹰雕、普通鵟、红隼、鸢和高山兀鹫等。另外，相关研究表明，该地区有马麝、黑麝、喜马拉雅麝、岩羊、矮岩羊、盘羊、马鹿、麋鹿、苏门羚、赤斑羚等偶蹄类动物。

三、威胁因子分析

　　在确定梅里雪山区域主要保护对象后，对各保护对象的威胁因子进行分析，并对威胁程度进行专家评分（表 7-2、表 7-3）。

表 7-2　保护对象关键威胁因子分析表

保护对象	主要威胁因子	受威胁程度	总受威胁程度排序
高山生态系统	过度放牧 非木材林产品商业性采集	3 4	3
寒温性针叶林	建筑用材采伐 非木材林产品商业性采集	3 2	4
针阔混交林	薪材采伐 过度放牧 非木材林产品商业性采集	2 1 1	5
硬叶常绿阔叶林	薪材采伐 垫肥收集 建筑用材采伐 非木材林产品商业性采集 过度放牧	3 2 1 1 1	2
珍稀濒危动植物	过度放牧 非木材林产品商业性采集 非法盗猎	2 4 4	1

　　注：评分说明：4. 非常高；3. 很高；2. 高；1. 一般。

表 7-3　保护对象威胁因子综合分析

威胁因子	高山生态系统	寒温性针叶林	针阔混交林	硬叶常绿阔叶林	珍稀濒危动植物	总值	威胁排序
薪材采伐	—	—	2	3	—	5	3
建材采伐	—	3	—	1	—	4	4
过度放牧	3	—	1	1	1	6	2
非木材林产品商业性采集	4	2	1	1	4	12	1
非法盗猎	—	—	—	—	4	4	4
厩肥收集	—	—	—	2	—	2	6

四、保护策略制定及成效评估

(一)保护地功能分区

为了对上述的保护对象实现有效保护，可采取多标准功能分区法。首先，根据各重要保护对象分布数据和重要性用 GIS 生成"植被重要度分析"。其次，考虑到过度放牧、非林产品采集、薪柴及建材采伐等人为威胁因子，用 GIS 模糊设定关系功能工具生成"保护对象的潜在影响"。然后，利用成对比较矩阵法对各影响因子进行权重。利用多标准评估法进行梅里雪山区域保护优先度分析。最后，对此分析结果进行重新分类后获得梅里雪山保护地功能区划。

(二)保护地内外社区生产活动的适应性管理

为削减由于生产活动造成的主要威胁因子，必须对保护地内及其附近区域的社区进行适应性管理。结合国家公益林建设、退牧还草等项目，通过社区共管等形式，实现非木材林产品、牧场和重要森林的保护与可持续利用；通过开展太阳能、沼气等能源替代工作，改善社区能源结构；通过推进绿色乡村民居，减少建筑用材消耗。开展生态旅游是实现社区居民增收和环境保护有效结合的产业模式。

(三)成效评估

成效评估主要内容包括：①对物种和生态系统的健康状况进行评估；

②对现有的保护对策和保护行动的有效性进行评估。评估对象除重点物种和重要生态系统等保护对象外，还要对威胁因子减少的程度、保护项目的投入规模和所采用的方法均进行评估。通过对保护对象健康状况评价、跟踪保护工作进展并评估保护对策与保护行动的效果，可以获得所需的反馈信息，用以调整保护目标、保护重点和保护策略从而确定新的工作方向。

五、三大基地建设

梅里雪山独特的地质地貌、从低海拔到高海拔呈阶梯状排列分布的植被类型和各种气候带、丰富的生物资源、珍贵特有的野生动物以及独特神秘的民族文化，具有非常重要的保护、研究、观赏和利用价值。梅里雪山保护地建设可以围绕三大基地开展。

（一）科学考察、研究和普及基地

通过建设梅里雪山保护地，为开展地质、土壤、水文、植物、植被、野生动物、社会经济和民族文化等学科研究提供野外科学考察的条件，更好地探索保护地内自然现象、物种繁衍和活动规律，获取更多科考的基础资料，为保护地的建设、管理、保护、科研、旅游、开发、利用等提供可靠的科学依据。

梅里雪山范围内，古特提斯遗迹地貌和独特的垂直带植被类型，从亚热带到寒带丰富的植物物种，低纬度高海拔雪峰冰川，多种珍稀濒危植物物种和国家重点保护野生动物，为地质地貌、生物生态、冰川、气候等学科的研究提供了天然的场所。将保护地打造成为理想的科学研究基地，为深入和持久地开展多学科交叉合作研究搭建平台，聚集一批具有广博知识、训练有素的科学工作者到保护地内开展科学研究工作，力争产生一批具有国内外影响力的科研成果。

梅里雪山以云南最高峰卡瓦格博峰、澜沧江峡谷景观和低纬度现代冰川为主要特色，复杂的地质构造，"一山汇四季"的垂直气候带，不同海拔高度分布的植被类型，以及区域内的20多种国家一级、二级保护野生动物，近2800种的种子植物等都为科学普及提供了丰富的素材。另外，这里也是了解传统文化与生物多样性保护关系，激发区域内及周边区域广大中、小学生生态环境保护意识、参与生物多样性保护的良好教育基地。

(二)青藏高原森林生态系统保护示范基地

青藏高原面积 200 多万平方千米，约占中国陆地总面积的 1/4。由于特殊的地质结构与演化史，形成了这里独一无二的生物多样性。特别是高原东部的森林系统，是整个青藏高原生物多样性资源的富集区。随着三江源国家公园的建立，青藏高原草原生态系统的保护受到了各级政府、科研机构的高度重视和财政资源倾斜，而森林生态系统保护是青藏高原生态保护的薄弱环节，东部青藏高原生态环境保护缺乏重点明确、综合性与系统性强的保护思路与生态项目。另外，东部青藏高原是整个青藏高原人为活动较为频繁的区域，无序的林木采伐、放牧、采集山珍、缺乏管理的旅游，部分区域甚至仍存在的开矿等活动，导致植被破坏和水土流失，已对该区域生态环境造成破坏，致使部分物种濒临灭绝。拟建梅里雪山保护地森林生态系统完整、代表性强，并有一定的研究和保护实践基础，是实施东青藏高原森林生态系统保护的理想示范基地。

(三)自然圣境生态文化展示基地

自然圣境是 20 世纪 90 年代世界保护学界兴起的一个名词，泛指由原住民族和当地人公认的赋有精神和信仰文化意义的自然地域。因为它把自然系统和人类文化信仰系统融合到一起，当地生物多样性得到了有效的保护。梅里地区广泛分布着大量的自然圣境(神山约 100 多座、日卦约 30 多处，圣迹 300 多处和内、外转经路线)，是全世界为数不多的、仍然鲜活存在的生态文化范本。千百年来，这些自然圣境与当地居民息息相关。由于这种传统生态文化的存在，尽管经历了种种社会变迁和制度更替，梅里雪山的生物多样性资源仍然得到了很好的保护。保护地建设中，要充分利用梅里雪山在藏传佛教中神圣的地位，通过挖掘独具魅力的宗教文化，修缮转经线路，完善宗教服务设施，提高接待能力，把梅里雪山建成体验和欣赏藏族宗教和圣境保护文化的基地，通过开展转山、朝圣、探险等活动吸引广大游客。

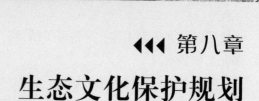

◀◀◀ 第八章

生态文化保护规划

第一节　区域文化概况

　　从地理位置上看，梅里雪山位于滇西北三江并流的核心地带，其境内的怒山和云岭两大山脉，是怒江、澜沧江和金沙江的分水岭。这三大水系在滇西北从西北向东南流淌，将群山阻隔的云南、四川、西藏三个文化地域相互沟通，使该地区成为文化交流的走廊。从新石器时期到吐蕃时期留下的遗址，如梅里雪山及附近地区的德钦永支石棺墓、德钦纳古石棺墓、德钦石底青铜文化遗址等，都位于这几条大江及其支流的两岸。连接云南及东南亚和南亚地区的茶马古道，也都沿着这几条河流延伸。

　　把梅里雪山地区放到青藏高原及周边地区的关系上来看，从巴基斯坦与印度交界的克什米尔、经喜马拉雅山麓的不丹、尼泊尔、锡金、北印度到缅甸北部，再到云南西北部和四川西部、甘肃-青海地区，形成一个半圆形的"喜马拉雅文化带"。这一地带是以青藏高原藏族为主体的文化同周边各大文明区域交往的过渡地区。正因为过渡，环喜马拉雅文化带的民族-文化交流与融合便显得十分频繁，从而造成该地区众多民族交错杂居，生活习俗和信仰互相混合的复杂局面。根据文化的相近度、地理范围，"环喜马拉雅文化带"大体又可以分为南喜马拉雅、卫藏、安多、康巴四个次区域。梅里雪山地区属于康巴藏区，其情况尤为复杂。它的西北是广袤的西藏和四川藏区，东南及南部毗邻云南和四川境内的彝族、纳西族、白族、回族、傈僳族、怒族、独龙族以及人口众多的汉族，西南则经怒江地区与东南亚和南亚的族群相联系。在长期的历史进程中梅里雪山地区逐渐形成了以藏文化为主体，又包容了纳西、傈僳、白、回、汉等民族文化的多元文化特点。

藏族是这一地区的土著居民，自称"博"，讲藏语康巴支系中的德钦方言，大多数人信仰藏传佛教，少数人信仰天主教和伊斯兰教，大部分人过着半农半牧的生活，婚姻以一夫一妻制为主。由于与周边的各民族长期交往和通婚，梅里地区的藏族在血缘和文化上都存在许多与其他藏区居民不同的特征，而与周边临近各族有诸多共性。

梅里雪山地处横断山脉的腹地，属三江并流世界自然遗产地和国家级风景名胜区，是国际公认的生物多样性最为丰富的地区之一。同时，梅里雪山(卡瓦格博神山)作为全藏区最著名的神山之一，在藏民的心目中具有非常重要的地位。正是由于藏族神山信仰文化的存在，大大抑制了当地居民对自然资源的无度利用，有效地保护了梅里雪山地区的生态环境和生物多样性。

然而在全球一体化、现代化以及城市文化的冲击下，梅里雪山地区各民族传统文化面临着不断变迁的状况，失去传统文化和原有约束的人们，有可能成为当地生物多样性保护的潜在威胁。

传承卡瓦格博地区的传统文化，筑固卡瓦格博神山文化的核心地位，是藏区广大藏民的心愿，也是建设梅里雪山保护地的文化基础。同时，保护该区域丰富的生物多样性，传承和加强本土传统知识和生态文化，将是梅里雪山保护地建设工作的两大最突出的特色。

第二节　主要保护对象

根据梅里地区生态文化的核心内涵，在确认文化区域意义和文化对生态保护作用的基础之上，确定了以下 5 个关键保护对象/系统：①以卡瓦格博神山信仰为中心的神山文化；②当地藏语言文化；③传统生产文化；④以传统建筑为载体的空间文化；⑤以传统婚庆文化为代表的生命仪礼。

一、以卡瓦格博神山信仰为中心的神山文化

(一)内　涵

它包括梅里雪山地区根据卡瓦格博神山文化划分的内外空间为基本框架的文化生态观念、知识系统、资源管理体系及行为模式。该保护具体包括:以卡瓦格博为代表的大约100多座大小神山;独特的转山朝圣活动为代表的转经行为、朝拜的圣境和内外转经路线;封山线日卦为代表的封山习俗和管理神山的村规民约等民间制度及与行政管理制度相协调的村社资源管理机制。

(二)意　义

神山是梅里雪山地区人们宇宙观、环境观形成的来源地。以卡瓦格博神山信仰为中心的神山文化,是人们长期在梅里雪山这个特定的区域自然环境条件下,生产生活过程中形成的,人们把卡瓦格博作为他们认识宇宙的起点,因而对周围环境及其资源的了解基于卡瓦格博是全藏区的神山和生命轮回的入口而形成的空间观。在这种空间观的基础上,人们在思想意识和行为规范中严格划分了内外空间的行为标准。

卡瓦格博神山文化造就了梅里地区社会空间(内部空间)与自然空间(外部空间)两者的天然联系。生活在梅里地区的人们,他们创造的社会空间与所处的自然空间之间,长期保持着农业-牧业社会经济和以文化形态为基础的天然联系,这种联系的主要内容:一是人与万物相互联系、相互转化的世界观,如众生平等、轮回转世的思想,依然为大多数居民所认同,并作为日常行为的准则,诸如戒杀生、戒贪念;二是外部空间和内部空间的划分,以及自然空间的神圣化,使尊重和敬畏自然的村规民约长期保有一定的约束力,如至今依然存在的日卦(封山)规则和转山朝圣活动、对自然圣境的保护意识和行为。

卡瓦格博神山群内有着丰富的生物多样性,根据密苏里植物园的研究,在4000米以下低海拔地区,尽管植被类型相似,但神山圣境内的物种丰富度总体上高于相同海拔的其他地方。而高海拔自然圣境(梅里地区主要的神山分布大都超过4000米)内特有物种的频度显著高于低海拔地区。从生态功能来说,自然圣境的主要作用则体现在水源涵养和水土保持的功能上。

由于以工业化为主导的现代文化的影响，卡瓦格博神山文化所赖以存在的宇宙思想、宗教制度、经济结构、社会组织正经历着巨大的变迁，但目前尚未因这种变迁和外部开发而彻底消失，自然与文化之间的天然联系和基本要素也基本得到了保持。

因此，以卡瓦格博神山信仰为中心形成的以内外空间划分为基本框架的文化生态观念、知识系统、资源管理体系及行为模式是梅里雪山保护地传统文化的基础，也是未来保护地内生态得以基本保持的思想和行为方式的基础。

二、当地藏语言文化

(一)内 涵

梅里地区90%的居民是生活在该地区的土著民族藏族，他们的母语是藏语康巴语系中的德钦方言。藏文是记载这一语言的文字，因此藏语、藏文是梅里地区文化的重要标志和载体，在中华民族多元语言文化中占有独特地位。从其在生态保护方面的作用看，藏语是该地区藏民唯一能清楚、完整地表达动植物概念、传统生态知识的语言。该生态文化保护对象具体包括藏语德钦方言、藏语言传承方式。

(二)意 义

梅里地区的藏语是唯一能传承梅里地区纷繁复杂传统文化的交流工具。每一种语言都蕴藏着一个民族的独特文化智慧。没有几个人能记得第一次意识到词语代表着事物发生在什么时刻，然而，这对于人们来说具有里程碑的意义。不仅是一个人学习语言的里程碑，而且是人们开始对构成文化的一切错综复杂的行为有所了解的里程碑。没有语言，事实上根本就不可能使纷繁复杂的各种传统代代相传。一种语言的文字不仅可以记载当时当地发生的事情，也可以让后人知道先辈的事情。而一种语言的消亡，必将导致其独特文化、历史和生态知识的消亡。事实上，梅里地区人们的母语尽管都是藏语康巴语系中的德钦方言，所有居民都会讲这一方言，但是掌握藏文的人不到5%，由于与外界接触的机会越来越多，人们使用汉语的频率逐渐增大。尽管还没有出现当地母语被主流语言完全取代的现象，但如果不加重视并采取相应的行动，藏语被取代的现象有可能发生。

用民族文字记载当地独特的文化、历史、生态知识是使用不同语言的人们对世界体验的独特表达方式。如果梅里地区的人们不但能用自己的语言讲述自己的文化，用自己的方式表达自己的生态知识，而且能用自己的文字记录这些知识，不仅能为梅里地区保存珍贵的活的文化，还有据可查，甚至充分运用。比如卡瓦格博神山文化能够在梅里地区经历了各种历史时期依然得以流传和逐步恢复，一个重要的原因就是由于本土语言的存在。因此，掌握自己民族的语言文字，对于保护梅里雪山地区的生态文化意义重大。

掌握卡瓦格博神山文化精髓的人必须懂得藏文。大多数有关卡瓦格博神山文化内涵的知识，比如神山的历史、神山的功能、神山的传说、神山的祭祀仪轨等知识都是通过藏文记载并实现传承。藏语的存在是卡瓦格博神山文化能代代相传的重要基础。目前，梅里地区懂藏文的人较少，掌握这方面知识的人更少，且大都是老年人，存在知识传承断代的危机。

三、传统生产文化

(一)内　涵

包括以荣中、西当为代表的沿澜沧江河谷一线的河谷绿洲农业生产系统，以及以雨崩、溜筒江为代表的半山区农牧生产系统。河谷绿洲农业生产系统以在澜沧江亚热带干暖河谷灌丛台地种植玉米和小麦等农作物为主，利用雪山水源构建的供水体系，辅以森林资源的传统利用（包括药用植物的利用）。半山区农牧生产系统主要靠利用雪山水源构建农田水利灌溉体系，通过在不同海拔高度形成的高山草甸、亚高山草甸不同时间（冬、夏）的轮牧，实现草场资源的管理与合理利用。其主要特点是利用雪山水源建构水利系统；农作物的种植使用适宜的当地品种；农作物种植中实行多品种种植；畜牧业生产以村落为单位牧养适宜当地的品种，并进行按季节轮牧；以基本生计为目的进行林副产品采集。该生态文化保护对象具体包括澜沧江河谷绿洲农业生产系统、半山区农牧生产系统。主要内容有畜牧业轮牧制度、家长会制度、村民大会制度、藏医药知识等。

(二)意　义

干暖河谷台地农业文化的存在，创造了人工绿洲的持续性发展。梅里地区的大多数村庄都位于澜沧江两岸的干暖河谷中，这个生存空间所处的地理位置几乎都在下部树线之下，即处于一个坡度大、只有零星灌木能够生长的环境中。梅里地区的人们把这个海拔较低、相对气温高、临近水源的自然环境作为家园后，这里被建设成了能够生长经济林木及各种粮食作物的人工生态系统，改善了干暖河谷下部树线的生态环境，形成干暖河谷合理利用雪山水源的绿洲生态系统。更为重要的是，除了雨崩、支拉等少数村庄处于树线上以外，其余梅里雪山地区的村庄几乎都处于这种环境中。因此，梅里地区干暖河谷树线下的许多区域，呈现出人工绿洲的景象，在一定意义上改善了干暖河谷的生境，保护了该区域脆弱的亚热带干暖河谷灌丛这一重要的生态保护对象。

人工绿洲的存在保证了梅里地区人们资源利用中，对卡瓦格博神山文化中属于外部空间资源的适度利用行为。河谷台地绿洲农业生产系统是构成梅里雪山地区生态文化的主要物质载体之一，它是生活在该地区人们在现有自然资源的基础上创造的社会空间，是人们在该区域内土地资源利用的主要空间，这个空间管理的好坏将直接影响外部空间，即梅里地区树线以上的资源状况。大自然保护协会科学家木保山教授做过一个有趣的照片对比工作：通过与20世纪由美国探险家洛克在该地区所拍的有关森林资源与植被状况的照片相比，最后发现，百年过后在相同地点，当地人对树线以上的森林资源利用没有很大的影响，甚至有的地方几乎没有改变。由此至少可以知道，居住在峡谷台地的人们，能够依靠传统的耕作方式，合理利用干暖河谷台地中有限的土地保证基本生活，并不会因为生活所迫危及外部空间的资源，如毁林开荒、无度采集林副产品和野生药材、捕杀野生动物等。

高寒半山区农牧生产系统中轮牧方式的存在，使梅里地区外部空间资源的再生能力得到保持，基本处于自然状态。由于梅里地区的放牧方式是夏季至秋季之间随季节的变化在不同海拔高度搬迁牧场，而且在搬迁过程中有一定时间的限定，通常一个牧场可放牧一到一个半月就必须搬迁，而春季和冬季基本饲养在村子里的农田和畜圈里，因此使放牧对高山牧场的自然更新能力影响保持最小。

一些传统的社会机制使梅里地区的资源得到有限和持续利用。在上述两种生产系统中由于劳动力、家庭财产、土地面积等因素所形成社会机制，控制和调节了人口增长以及土地扩张，使梅里地区的资源得到有限和可持续利用。

梅里地区的人们为了资源的持续利用而形成的家长会制度与村民大会等社会组织结构，使人们的行为得到有效控制，使自然资源得到了很好的保护。如在野生菌类采集方面，通过家长会讨论确定具体的采集时间、采集地点、采集阶段，最后由各户相互监督的方式来进行，这样既保证了村民的收入，又使野生菌的生息有了可持续的可能。又如，水资源的利用中，干旱季节水资源的利用，也通过家长会的决定维持了利用的有序性。

藏医藏药作为梅里地区传统医学的代表，对其保护一方面是对这一地区这种独特的医药文化的保护；另一方面是建立了这种文化在资源利用中的可持续利用机制。

四、以传统建筑为载体的空间文化

（一）内　涵

传统建筑为载体的空间文化以大部分人口聚居于干暖河谷地带的村落为代表，村庄范围内，在每一块有名称的土地上建造的平顶或木瓦顶、砖瓦顶藏式土木结构碉楼建筑，并在布局上依据雪山水源形成由一群有名字的家户组成绿洲村庄。该保护对象具体包括：以节材技术和适度建造理念为核心的传统民居建筑文化、干暖河谷村庄布局文化。

（二）意　义

土地和房屋作为永久定居的村庄及周围耕地的两个要素，是构成相关的生产和社会体系的依托。村庄范围内每一块土地都有名称，每一栋房子都建在有名字的土地上，因此都有一个根据土地的名字得到的房屋名，居住在同一栋房屋里的人，成为一个家庭，并以房屋名作为这户人的家名，每个村庄的内部空间便由一块块有名字的土地和家户组成，而房屋和家户的命名，必须以土地的名称及与之相关的所有权和使用权为前提。

藏族传统民居是藏文化的重要载体之一。乡土建筑的存在方式是形成村落的基础，一个大体上完整的村落，村民们的社会生活自成一个独立的系统。与生活系统相对应，村民们创造了乡土建筑系统，它服务于人们生活的各个方面。传统民居不仅为人类的家庭生活提供了物质的空间，同时也成为人类文明的象征、文化的载体，是不断创新传统知识的产物，也是人与自然和谐的反映。

传统建筑突出材料的节约。梅里雪山地区作为一个农牧兼有、立体气候明显的高山峡谷地区，乡土建筑系统体现出适应周围环境和生活需要而存在的特性。同时，传统建筑从文化和技术的角度，突出材料的节约。表现在使用现有土料、石材和木材建造足够家庭成员居住的夯土碉楼；为了节约土地，畜圈设在底楼，各楼层的部分屋顶建成平顶，作为天井和晒台；在建筑过程中使用大量的黏土而减少木材的使用；在习俗上，民居的大小和高度不能超过寺庙建筑；另处，传统民居在建造时，由于需要大量的木材和土石，为了防止过度利用资源，每个村庄都有砍伐建材数量和砍伐时间的明确规定，并有专人监督。

传统的村落布局改善了局部区域的生态环境。从村落整体布局，到房屋个体的型制和风格，体现的不仅是当地人对自然的审美情趣、价值观、行为意识，更重要的是体现了人们对自然风险的防范机制。由于村社大都建于干热河谷，自然条件恶劣，为了涵养水源保持水土，梅里地区的先民们栽种适宜干热气候的速生树种杨树、耐干旱的沙棘和具有生计功能的核桃树及其他各种果树，经过千百年逐渐形成了人们定居的台地绿洲。这种生活态度和人文气质反过来又影响到这里的人们对生活环境的追求。在建造房屋时，房屋与房屋间隔距离较大，隔距内栽有核桃树，房前屋后种植其他果树，由村庄、房屋、田地组成的这种错落有致的村落布局不但美化了环境，也稳固了村庄局部生态系统。

白塔作为村落布局中一个既具宗教色彩，又具传统风格的建筑，象征构成宇宙的五大元素，是人们宇宙观的物象载体。人们通过围绕白塔的各种活动和仪式，实现对自然和自我的独特感知。

传统建筑体现了社区与周围环境的依存关系。房子就是山的象征，中柱、火塘、经幡等，往往与村子附近的神山保持一致。

五、以传统婚庆文化为代表的生命仪礼

(一)内　涵

婚丧礼俗是传统文化不可缺少的部分，它是构成一个地区文化核心价值体系的内容之一，属于生命仪礼范围。婚姻是人生大事，丧葬是人最后的归宿。梅里地区的婚庆仪礼在生态保护方面的作用最具代表性。从说媒开始，一段婚姻关系的确立，一般都要经过一年以上的时间。其中，包括说媒、提亲、订婚、婚礼等四大仪式。在这四个仪式中又包括了其他许多小的仪式。这些仪式的举行除了具有完成一个婚姻关系确立的目的外，其中的说唱、锅庄、弦子等民间艺术还为人们提供了一个实现传统伦理教育、环境知识教育、相互学习传统知识的一个重要场所和过程。该保护对象具体包括：婚姻关系确立的说媒、提亲、订婚、婚礼等四大仪式，锅庄、弦子、说唱赞词等多种民间文艺形式。在这些民间文化中，重点关注人与自然的关系、朴素的民间环保思想与内容。

(二)意　义

婚礼、丧葬、乔迁三个仪式是最为重要的活动。其中，婚礼仪式的进行，与生态保护有密切的联系。例如，仪式上的各种歌舞，其歌词内容大都涉及人类的起源、人与自然的关系，歌颂宇宙的形成，讲述宗教信仰的起源，歌颂山神的福泽，歌颂菩萨的祥瑞，歌颂英雄人物、村庄环境、道德观念等等，歌词中蕴涵丰富的哲理和历史事实。

婚礼这个特别的场合是人们学习传统知识的理想场所。整个联姻仪式汇聚了锅庄、弦子、赞词等多种形式的民间文艺，而这些民间文艺包含了大量的传统生态知识。这些文艺形式，不但让人们在娱乐的同时感悟大自然、感悟人生、认识身边的环境与自己的关系，更为重要的是为人们提供了一个实现传统伦理教育、环境知识教育、相互学习的一个重要场所。因此，如果能保存完整传统婚姻礼仪，对于实现民间文艺的传承、建立社区居民正确的伦理道德观、生态保护意识具有十分重要的意义。

第三节 威胁因子分析

一、神山文化

传统信仰的淡化。在社会与文化大变迁的背景下，由于现代文化与商业经济的强烈冲击，传统信仰（具体到神山信仰）在不同代际之间、不同区域之间出现了明显的差异，信仰的淡化有加速的趋势，神山在人们生产生活中的权威性开始受到挑战。

传统管理制度的削弱。经济发展的现实压力与变动的管理政策，使原有的管理制度日渐松散。昔日的圣地成为今日之开发区、昔日的一些日卦成为今日之经济林、昔日的一些神山成为今日之"松茸山"。

社区内神山文字与口传记录的流失。由于传统知识与文化传承机制日渐消失，包括神山位置、相关历史、文化地位、神山经文等相关重要信息流失速度加快。

二、藏语言文化

21 世纪 50 年代以前，梅里地区能够学习藏文的大都是出家的僧人（僧人的比例占总人口的 10% 以上）和富裕家庭的子女，而普通老百姓很少获得正式学习的机会。尽管如此，当时藏语和藏文在该地区是通用的语言和文字。50 年代以后，学校教育实行统一的国家教育体制，学习以汉语、汉文为载体的科学文化。在现代文化的推动下，汉语、普通话日益普及，而原有的藏语文传承方式受到一定影响。尽管国家按民族政策也有藏汉双语教育的内容，但梅里地区的藏语普及依然非常薄弱。另一方面，随着经济的发展，该地区与外界交流日益频繁，而与外界交流的语言大都是汉语，因此很多人认为学好汉语更重要。在广播电视普及的今天，电视、电影、广播等主流媒体所采用的语言大都是汉语，因为缺乏用本民族语言或文字记录的东西，人们大都收看主流媒体的节目。

新形势下的媒体传播除了具有娱乐的功能外，同时也是接受教育的一种途径，特别是学习汉语和外部世界文化的最佳途径，而本地区本民族的相关信息大都只能通过口耳相传的形式传承。学校教育、家庭教育、社会教育等在主流文化的影响下，使孩子们失去了许多吸收本土文化营养的机会，使本土文化逐渐边缘化。对于生态保护而言，如果本土语言被其他语言所取代，以藏语言为表达方式的祭祀神山、朝拜神山等许多与生态保护有密切关系的神山文化，必将不能用特有的方式生动地表达出来，并传承下去。总体而言，藏语言文化(特别是有关生态保护的语言文化)面临的威胁主要有：

(1)学习藏语言文化的途径与方式发生变化。传统的寺院教育已不能适应变化了的社会形势，寺院僧人无论从数量还是其在社会生活中的影响力来看，都已与过去不可同日而语。目前，梅里地区掌握藏语言文字的仅为少数僧人和当地文化学者，在现有形势下，新的藏语教育体系还没有建立起来，更不要说在传统藏文化语言教育中增加生态保护方面的内容。

(2)汉语成为主要的交流语言。汉语成为当地教育和经济生活中最重要的语言，汉语已经进入到人们的日常生活领域。现代文化开始影响人们的宇宙观与自然观，影响人们的行为方式(包括自然资源利用方式)。

(3)推动藏语言发展的相关政策还未能得到有效执行。20世纪90年代以来，随着中央对少数民族文化发展事业的高度重视，德钦县已将"文化立县"作为全县发展的主要战略之一。但是该发展战略缺少切实可行的政策来保障其顺利实施。政策制定者们的重点还仅仅停留在歌舞等"舞台文化"的推广与产业上，而诸如藏语言的推广、学校藏语教育、藏语教育中的传统环境教育等缺乏可行措施与具体保障。

三、传统生产文化

自20世纪中叶开始，现代化在我国迅速推进，加上2000年以来滇西北地区的"香格里拉"旅游热兴起并快速发展，发展经济主导思想，尽管为当地带来了可观的经济收入，但也给传统农业文化带来了深远影响。

(1)土地利用形式的变化。由于有些村落土地扩张、林产品过度采集，海拔3000米以下的植被已经遭到部分破坏。同时，梅里地区如果实施大规模的旅游基础设施建设，对游客人数不加控制，许多村落的土地利用格局将被打破。对药用植物资源的大规模的商业性采集，如20世纪80年代对藏药材料的大规模商业性采集，也使许多物种的保护问题日益严峻。

（2）农业生产对外部经济和技术的依赖度不断加大。旅游业的发展，使旅游业成为主要现金收入的许多农户不再经营畜牧业，自用畜牧产品只能依靠外部购买，这种状况加大了主要依靠畜牧业获得收入的村庄对本村山林、草场的压力。同时，农产品种植上产品逐渐单一化，这种状况破坏了土地利用中不同品种轮作而自我进行优化的状况。2003 年，开始升温的葡萄种植产业，由于可见的经济利益，逐渐使许多村民利用大量土地种植。葡萄产业虽然在德钦得到了较快的发展，但其市场前景仍不明朗。对于生态状况脆弱的干热河谷台地而言，一种新产品的种植，在没有地方性传统知识的情形下，一旦发生由于大面积种植而出现病虫害，将影响整个台地的农业生态系统。同时，对单一外来品种依赖度的加大，增加了整个生计系统的风险。

（3）传统生产知识的传承出现断层。峡谷台地和高寒山区农牧文化是保护峡谷台地和高寒山区传统知识的重要来源地，但是目前大多年轻人其人生轨迹大都是按小学–中学–大学或回村务农或出村打工进行。在其生活中，从父母家人那里学习农牧文化传统知识机会减少，反而会向村民传达许多从外界习得的现代主流文化，这使农牧文化中传统知识的传承受到了一定的影响。

四、传统建筑空间文化

对于梅里地区传统民居而言，自然环境为其提供了建筑材料的物质基础，传统知识为其提供了技术的文化基础。在过去的几十年，由于经济的发展和政府相关政策的出台，传统民居正在发生着显著的变化，且面临多种挑战。

（1）民居建筑数量的增加及民居建筑体量的增加。传统建筑一直以来都是利用当地的土、石、木材建造，虽然使用较多的木材，但是以大家庭为主的社会结构，建筑的总体数量非常有限，加上当时稀少的人口总数，建筑用材需求非常小。由于人口的增加，加上近年来主流观念的影响，越来越多的民居建筑片面追求大面积、大径级中柱，传统建筑的风格和内容越来越少，导致原材料消耗的增加，直接威胁寒温性针叶林等重要保护植被类型。由于建筑用材的采伐，目前该区域内的许多原始云杉、冷杉林受到了非常大的影响。

（2）民族文化中的传统建筑文化在被不断边缘化。随着时代的变迁，传统建筑文化在社区中正不断消失。甚至在传统民族文化中，传统建筑文化也在不断边缘化。以钢筋混凝土为代表的现代建筑有取代传统建筑的趋势。建筑过程中的各种文化仪式是传统建筑得以繁衍的重要保证，但随着现代建筑的兴建，各种传统仪式失去了存在的土壤。

（3）政府实施安居工程的同一化。政策方面，政府出台的安居工程（例如消灭危旧建筑、移民安居）往往忽视传统建筑文化元素。林业政策权属变动通常也会对村落布局产生一定的影响。

（4）传统建筑文化及知识传承体系出现断层。传统建筑知识是藏族文化的重要组成部分。在藏族文化特别是以"节制"为主要思想的藏传佛教文化的影响下，建筑规模与设计、木材采材等环节都有许多文化意义上的规定。同时，传统建筑知识中还有一些关键的节材技术。近年来，由于外来建筑文化的影响，特别是受城市建筑与经济较发达地区的影响，通过师徒传承的传统建筑知识流失较快。目前，在梅里地区的许多建筑工匠大都来自大理剑川、鹤庆等其他区域。

（5）生计方式的变迁对传统建筑提出了更多的要求。一方面，由于旅游业的发展、畜牧业在整个生产系统中作用的减弱等原因，新的民居在采光性能、卫生条件、避震性能等方面都需要改进，传统建筑文化与现代建筑文化需要实现有效对接。

五、传统生命仪礼文化

传统婚庆文化中说唱、锅庄、弦子等民间艺术形式是婚礼庆典的重要表现形式，同时也是民间艺术的重要内容。在梅里地区的文化元素中以其能见、能听的特点为人所知。但是，它的传承和发展仍然面临很多问题。

（1）民间艺术传承的断代。20 世纪 50 年开始，我国发生了一系列的社会变革，梅里地区的人们也经历了这些变革。发展至今，人们的生活方式、文化形式经历了从"传统"到"一体化时代"再到"现代化时代"的历程，在这个历程中，"一体化时代"使文化艺术中诸如锅庄、弦子、说唱等民间艺术都受到了较大程度的负面影响，以致到了今天人们在恢复和保护这些文化时，很多东西都已经失传，或知道的人已所剩无几，导致民间艺术的传承发扬面临艰难的处境。

（2）民间文艺的商业化和过度"舞台化"。在经营者和一些决策者看来民间文艺是产生经济效益的工具。许多民间艺人，特别是民间歌手被娱乐场所以廉价的方式搜罗一空。"文化产业化"政策的大力宣传和推动，更多地关注经济效益，忽视了对产生民间文艺土壤的培植和其原有的民间教育功能。民间文艺还没有实现有效的社区传承，便出现了规范舞、舞台弦子、歌星、舞星等不同形式的代表，民间文艺的不断"舞台化"与"程式化"使这些艺术形式本身逐渐脱离了其生长的土壤，仅仅只留下娱乐功能，而失去原有的教育与知识传承功能。

第四节　威胁因子根源分析

在社会与文化大变迁的背景下，由于现代文化与商业经济的冲击，传统信仰（具体到神山信仰）在不同代际之间、不同区域之间出现了明显的差异，信仰的淡化有加速的趋势，神山在人们生产生活中的权威地位开始受到挑战。经济发展的现实压力与政策的变动使原有的管理制度支离破碎。由于传统知识与文化传承机制日渐衰落，包括神山其位置、相关历史、文化地位及与之相关的经文等相关重要信息流失速度加快。传统的寺院教育已不能适应变化的社会形势，寺院僧人无论从数量还是其在社会生活中的影响力来看都已与过去不可同日而语。表 8-1 是对梅里地区主要生态文化保护对象威胁因子根源分析表。

表 8-1　各主要生态文化保护对象威胁因子分析表

保护对象	对保护对象的威胁		根源	严重程度
	综合原因	威胁因子		
以卡瓦格博神山信仰为中心的神山文化	市场经济的负面影响	①传统信仰的淡化；②传统管理制度的削弱	①年轻人缺乏传统神山知识的传承；②相关政策缺乏连续性和稳定性	中
	传统文化教育的断层	社区内神山文字与口传记录的流失	社会变革时期神山文字与口传记录的消失	高
藏语言文化	现代文化的负面影响	学习藏语言文化的途径与方式发生变化	藏语言教育体系尚未建立	高
		汉语成为主要的交流语言	①当代应试教育的影响；②汉语成为主要语言后，其他语言正不断边缘化	高
	缺少政策保障	切实可行推动藏语言发展政策的缺失	推行藏语言发展的政策缺乏法律效力和足够的后续保障	中
传统生产文化	资源利用模式的改变	土地利用形式的变化	为增加经济收入，土地用途的改变	中
	市场经济的负面影响	农业生产对外部经济与技术依赖度不断加大	外来农牧生产技术未经风险评估的引入	高
	传统文化教育的断层	传统生产知识的传承出现断层	农业生产技术培训很少涉及传统农牧知识的内容	中

（续）

保护对象	对保护对象的威胁		根源	严重程度
	综合原因	威胁因子		
以传统建筑为载体的空间文化	现代建筑文化的负面影响	①民居建筑数量、体量的增加；②民族文化中，传统建筑文化在被不断边缘化	①家庭结构有从大家庭向小家庭发展的趋势；②建筑观念有从与自然和谐的实用型向财富炫耀型转变的趋势；③传统建筑文化的各种仪式正逐渐消失	中
	传统文化教育的断层	传统建筑文化及知识传承体系出现断层	传统的建筑知识在培训和教育中没有得到足够的重视	中
	资源利用模式的改变	生计方式的变迁对现有建筑提出了更多的要求	①生计方式变迁过程中缺乏有关传统建筑适应性的研究；②缺乏推动建筑实践（既适应正在变迁的生计方式，又结合传统文化）的相关机构	中
以传统婚庆文化为代表的生命仪礼	现代文化的负面影响	民间艺术的传承断代	"文化一体化"等社会变革时期的历史影响	中
	市场经济的负面影响	民间文艺的商业化和过度"舞台化"	决策者在有关民间文化的发展思路中过分注重短期利益，而忽视了对民间文艺生长与发展土壤的培植	高

第五节　保护对象现状及预期目标

为实现对保护对象的有效保护，首先需要根据某个特定对象的文化属性，确立相应的指标，并根据指标的动态变化，评价其现有状况，以及通过采取措施后的预期效果。通过对梅里地区的深入调查，基于多种形式的社区研讨、相关政府管理部门座谈、相关利益群体交流，确定了各生态文化保护对象状况评价指标、各指标范围标准。在此基础上，根据这些指标和标准做出对现状的初步评估，并进一步通过实施各种保护措施，设立了2030年预期目标(表8-2)。

表8-2　各生态文化保护对象的评价指标及预期目标

保护对象	属性	指标确定	标准				现状	预期目标
			非常好	好	一般	差		2030年
以卡瓦格博神山信仰为中心的神山文化	文化仪式	程序完整程度	>80%	60%~80%	60%~40%	<30%	一般	一般
	神山信仰	参加神山祭拜仪式的人	>90%	70%~90%	40%~70%	<40%	一般	好
藏语言文化	语言使用规模	使用人数	>90%	70%~90%	30%~70%	<30%	好	好
	文字使用规模	使用人数	>40%	30%~40%	10%~30%	<10%	差	一般
	语言传承	使用母语家庭数	>90%	70%~90%	30%~70%	<30%	好	好
	文字传承	文字学习人数	>40%	30%~40%	10%~30%	<10%	差	一般
传统生产文化	仍在用传统方式进行生产生活	存在规模	>70%	50%~70%	20%~50%	<20%	好	好
	传统知识的使用	传统知识的利用率	>50%	30%~50%	10%~30%	<10%	好	好
以传统建筑为载体的空间文化	传统建筑的存在	传统建筑的数量	>80%	60%~80%	30%~60%	<30%	一般	好
	传统生态知识在建筑中的利用	传统知识的利用率	>50%	30%~50%	10%~30%	<10%	一般	一般

（续）

保护对象	属性	指标确定	标准				现状	预期目标 2030 年
			非常好	好	一般	差		
以传统婚庆文化为代表的生命仪礼	文化仪式	仪式的完整程度	>80%	60%~80%	30%~60%	<30%	一般	一般
	民俗知识的存在	乡土知识专家人数	>10%	5%~10%	2%~5%	<1%	一般	一般

第六节　生态文化保护行动规划

一、远景目标

梅里雪山保护地文化资源与自然资源有着同等重要的价值，保护梅里雪山文化资源是梅里雪山保护地建设的基本要求。要保护以卡瓦格博神山文化为中心的民族文化的真实性，尊重保护地内各少数民族的传统习俗及信仰，促进梅里雪山保护地民族文化与自然资源的和谐共生。

二、2030 年总体目标

将梅里雪山保护地内的文化保护纳入"建立以国家公园为主的保护地体系"的政策、法律范围内。在梅里雪山保护地管理机构设立专门的文化保护部门，形成以政府为主导、民间参与的文化传承机制，实现在保护地内文化事业的综合管理和统一协调。梅里雪山保护地内通过对传统文化的保护与传承，间接实现自然资源及生态系统的保护。到 2030 年，以卡瓦格博神山信仰为中心的神山文化其地位基本能保持现状。到 2030 年藏语文普及率基本达到 10%，当地藏语方言使用率达到 90%。

在引进并消化外来先进的生产技术与知识、大幅度提高人们的生活质量的基础上，优秀的传统生产生活方式能基本维持现状。在积极吸收并消化外来先进建筑文化，有效保护自然资源的基础上，实现传统建筑文化的保护，到 2030 年，保护地范围内绿色传统民居覆盖率达到 10%。传统民俗与民间文化得到良性发展，到 2030 年，保护地内 80% 的社区居民积极参与各种民族民间文艺活动。

三、具体目标及保护策略

（一）具体目标一及策略

（1）建立具有良好功能的文化保护管理体系。

（2）策略：

①积极推动立法工作。目前，该区域还没有任何一个相关的具有法律效应的文化保护条例或规章制度。根据全国人民代表大会宪法和法律委员会的相关精神，从基层为一个生物多样性保护与传统文化相结合的试点地争取立法是可行的。梅里雪山隶属于迪庆州，当地人民代表大会有条件为一个新的保护目标颁布法律，省级人大将最终审定和批准该法规。

②建立专门文化保护部门，充分发挥其在文化保护中的作用。目前，梅里雪山相关管理机构没有设立专门的部门来进行保护地内文化多样性保护和发展的工作。因为缺少资金、专门工作人员，现有相关部门文化保护功能十分薄弱，不能满足保护地范围内文化多样性保护的需要，对所面临经济社会发展的挑战缺乏系统性的适应对策。应对现存的管理部门进行重新评估，并制定计划建立相应的文化管理部门。新的管理部门应配备相关专业人员，并提供必要的资金保障。针对各社区的特色文化，进行分区保护，并有步骤地建立文化保护示范点。

③加强文化保护部门和社区群众的保护及管理能力。有计划地开展多种形式的宣传、交流、培训等能力建设活动。开展社区群众的文化反思，增进族群的文化自豪感。

④让当地社区积极参与到保护地文化保护的整个过程中。当地社区是梅里雪山保护地进行文化保护的主要传承者和具体实施人，他们的直接参与是文化保护得以成功的基础。

（二）具体目标二及策略

（1）以卡瓦格博神山信仰为中心的神山文化地位基本能保持现状。

（2）策略：

①对神山文化进行深入研究。进行深入的田野调查，总结和建立梅里雪山文化信息数据库，为实施文化保护提供科学的依据。组织由当地居民、国内外科学家、社会学家、民间组织组成的研究机构，对神山文化和生物多样性的关系、传统生物多样性保护方法和传承方法、神山历史等进行深入研究、挖掘、总结，并形成当地村民易于学习、便于体会的成果，如影像成果（藏语）、图片成果、录音成果等。

②选拔和培训一批熟知当地神山文化的文化传承人（每村至少两人）。以这些传承人为核心，不定期在社区举行以神山文化中某一内容为主题的神山文化传承活动，借助音影像成果与村民分享传统神山文化的内涵。

③恢复传统的日卦封山界线。每年按传统习俗邀请当地活佛和高僧大德，对传统封山区进行加持活动。同时，结合神山文化中生态环境保护的相关知识进行讲经说法。

④完善并推广传统神山文化的资源管理体系及行为模式。根据保护地内各个村社原有的神山和村社资源管理规定，重新完善各村的村规民约。条件成熟时，形成覆盖整个区域范围的神山资源管理规定。

⑤建立圣地、圣迹保护机制。梅里雪山内外转经路线上的圣地和许多圣迹，不仅是当地人朝拜的对象，更是保护地开发旅游的特有资源。应该整理一套有关内外转经路线和圣迹历史、传说、习俗的影音资料，与云南省文物保护主管部门进行协作，使这些珍贵的文化资源得以及时保存，并实现有效传播。

⑥开展以体验神山文化为主题的生态旅游活动。生态旅游是保护地重要收入来源和国民体验形式。在旅游服务中除了观光、农家乐等传统形式，应该发展以神山文化为核心内容的生态旅游，比如内外徒步转经、神山圣水祭祀活动、封山区日卦加持活动等。这些活动不仅能让游客真正了解神山文化，而且对当地居民而言，也是传承神山文化的有效途径。

(三)具体目标三及策略

（1）到 2030 年藏语普及率基本达到 10%，当地藏语方言使用率达到 90%。

（2）策略：

①促进教育部门建立起当地的藏语教育体系。例如在乡村建立以自然

村为单位的藏语藏文学习小组。该小组负责组织村民完成各村的藏文扫盲，并组织村民讲述有关本村历史、神山传说、风俗习惯等的活动，并用影音技术记录这些活动。待条件成熟，从村一级小学建立起与西藏自治区基本一致的藏语文教育体系。

②运用藏语言文字组织目前还健在的梅里地区神山文化专家重新记录、整理和宣讲有关梅里地区神山文化内涵的知识，如神山的历史、神山的功能、神山的传说、神山的物种、神山的祭祀仪轨等，以解决神山知识传承出现断代的危机。

③有关部门督促当地政府部门切实把保护民族语言政策落在实处。如公务员考核、高考等事务中把藏语藏文的考核纳入评定标准之一。

④在国家正规教育体系和乡村扫盲教育中加大藏语藏文教育的投入，如在资金、教师、考核等方面给予有明确目标和计划的投入。

(四) 具体目标四及策略

(1)在引进并消化外来的先进生产技术与知识、大幅度提高人们的生活质量的基础上，优秀的传统生产方式能基本维持现状。

(2)策略：

①用自给农业消除因土地利用形式变化带来的粮食不足。了解梅里地区农户自身和环境所带来的局限性，有助于解决当地居民的困难。未来农业的发展方向中，食物自给是核心议题，食物自给是真正实现粮食安全的前提条件。当地的农业研究应该以资源为导向，而不是以投入为导向。应以当地农民和消费者的需求为驱动，而不是以农业产业化发展为驱动。应从本地生产体系着手，在尊重当地人意愿的基础上进行改善。

②种植各种作物，应充分发挥多样性农作物的优势。分散风险是降低脆弱性的一个基本方法，对于原本处于弱势的当地农牧民有着特别重要的意义。村民们除了种植习惯品种以外，还可以种植一些利用率一般的作物，有助于实现生产的多样性，营造生产上的缓冲区，保障养分的持续供给，从而促进传统生产方式的发展和环境的保护，为增收创造条件。尽量避免为增加收入以单一品种和耐逆性不强的品种(如葡萄)占据50%的农田利用率，而应选用耐逆性更强的品种(如本地核桃、本地麦种等)使之充分发挥在当地干旱环境中的作用。

③充分利用小型农牧业生产方式在多样性保护中的关键作用，以减轻农牧生产对外部经济的依赖。梅里雪山地区的绿洲农牧业属于小型农牧业，它的生产活动主要是满足自身食品、燃料、纤维、饲料、营养和草药等的需求，同时将多余的产品供应市场。应该利用小型农牧业低投入和增加多样性的方式来提高产量，以多样化种植和养殖的方式来减少生态多样又很脆弱的土地的压力，采用减少外部投入的耕作方式。以多样化为基础的小型农牧业依靠家庭劳动力、养分的循环利用和适宜梅里雪山地区的多种生态方法，而不是依赖外部投入，机械化和大量的化工能源，从而达到节省成本和节约资源的目的。同时，应积极利用小型农牧业的传统方法来提高作物的生产力、抗性和适应性，而不是通过各种农药和新品种来解决问题。

④尽量保持和恢复农牧复合经营的传统方法，提高生产力、能源利用率，优化养分管理，降低绿洲农牧业的风险。在梅里地区的村民们很少能从单一的种植模式和养殖模式中获得利益，传统的小型农牧业生产系统，尤其是生物多样性的利用，有利于作物的稳产、高产。目前，梅里地区有的村庄因旅游业的兴起，或是市场需求的变化，作物种植品种因经济利益发生改变，这一状况引起了绿洲文化中农牧业传统模式的改变。而这种绿洲农牧业走向单一化的现象，增加了当地农业的风险。农牧业系统是一个土地利用多样化的组合，与一年生作物、各种果木、混农林业、修耕及家庭菜园有关，是多种植物种类和遗传资源的来源地。尽量恢复和保持农牧复合经营的传统方法，有助于建立梅里地区可持续农牧业系统。

⑤建立绿洲农牧文化"传统知识专家库"和示范点，在农业生产技术培训、引入外来农牧生产技术风险评估、绿洲文化宣传等方面给予资金投入和政策保障。梅里地区范围内，村民的绿洲农牧业耕作方式基本相同，但在细节上还有差异。如不同年龄、不同性别、不同富裕程度，甚至村与村之间都存在着一定程度的差异。同时，不同人群对农牧技术（传统知识体系）的掌握和熟练程度也存在差异。将那些耕作熟练、熟知牲畜事务、多样性保护得较好且能有较好经济收入的村民组织起来，成立"传统知识专家库"。用这些村民的土地及牧场作为示范点，通过最直接的方式向更多的村民展示传统知识在绿洲农牧体系中的作用并进行农户间的经验分享。

⑥把绿洲文化景观纳入梅里雪山保护地的风景名胜，以文化景观的形式进行保护。绿洲文化作为梅里雪山保护地内"活"着的景观，一直与村民、庄稼、传统知识体系、神山文化等紧密相连，代代相传，不断发展。绿洲农牧生产文化不仅仅是澜沧江干暖河谷的一道亮丽风景，更是梅里地区人们赖以生存的家园，是联系村民与家族、乡里、外界、自然的一条纽带。把它纳入梅里雪山保护地的文化景观，意味着所有的农牧活动必须依靠传统来完成，以传统的耕作方式人文景观吸引游客、传统文化研究者、摄影爱好者、艺术工作者等，以此维持和促进绿洲农牧业发展。

⑦加强市场营销，构建科学、合理的营销模式。营销是将绿洲文化景观推向市场的关键一步，只有通过构建科学合理的营销模式，加大宣传力度，才能使绿洲文化景观开发真正融入市场，也才能为绿洲文化保护积累资金。在绿洲文化景观保护与开发中应通过整合各级政府、旅游要素、旅游企业、旅行社、旅游代理商和经销商、媒体、社会等方面的力量，谋求最大的营销效果。将绿洲文化景观与神山文化作为一个整体进行包装，策划宣传，同时坚持大市场、大营销理念，综合运用产品、价格、渠道、促销等手段及现代化网络方式，打造绿洲文化景观品牌，进一步塑造梅里雪山保护地形象，全面提升绿洲文化的知名度。

（五）具体目标五及策略

（1）在积极吸收并消化外来先进建筑文化，有效保护自然资源的基础上，实现传统建筑文化的保护与进一步发展，到 2030 年，在梅里雪山保护地范围内绿色传统民居覆盖率达到 10%。

（2）策略：

①在村落布局中村民应该坚持传统的村落布局标准，以此控制民居建筑量的增加。传统的村落布局标准：村落不能建在有滑坡的山体下；村落布局按传统布局中五行的方位确定村落的整体格局；村落中的房屋不能建在巨型岩石旁、不能建在易发生河水冲刷的地方；村落的水源头不能有人家居住；以尽量不增加农户数目的村规民约控制建房土地的增加；建盖新房不能占用基本农田，最好实现在原来的地基上重建。

②保持传统藏式房屋的基本格局，在局部做少许调整，以此控制一味追求大而用料多的建房形式。梅里地区的传统藏式房屋为土掌碉楼，一般

分为三层。第一层为畜厩，第二层住人，第三层为粮仓和佛堂。在保护中这种格局基本不变，但在房屋大小和用材上需要调整。房屋最大的不能超过 25 柱，屋顶改为覆盖瓦片，可以节约支撑土掌的地楞和树枝，或者继续用土掌，屋顶晒台尽量用混凝土结构。实现人畜分住，加盖卫生间并使用太阳能热水装置。

③投入资金，组织以传承传统建筑知识为目的的各种培训，培训人们相互学习土地利用和木材利用的传统知识和技术。在培训中，注重仪式的传习，如在建盖房屋时必须举行的祈地仪式(萨眷)和祈树仪式(星眷)。传习传统的选材方法和用料方法，如木材的砍伐不能在有泉眼、陡坡、岩石的地方进行，同时运用间伐的方法，不破坏被砍树木周围的小树。建盖房屋，遵从先请木匠计算房屋所需木材用量、后备料的习惯，做到一棵树按各个部位不同用法，充分利用木材。

④引进和推广节能、节材、卫生、方便实用、舒适性高的绿色建筑技术。

⑤政府部门的建筑项目实施过程中，必须建立起因地制宜的观念，既要充分尊重传统建筑文化，又要重视绿色环保理念，不能照搬现代建筑模式，盲目引进外来建筑技术(如混凝土建筑技术等)。

⑥对在该地区进行推动绿色乡村建筑实践的机构提供必要的支持。这些机构将对梅里地区的建筑进行适应性方面的前期研究和推广，为绿色乡村建筑理念在保护地范围内的传播打下了良好的基础。

(六)具体目标六及策略

(1)保护地内传统民俗与民间文化得到良性发展，到 2030 年，梅里雪山保护地内 80% 的社区居民能积极参加各种民族民间文艺活动。

(2)策略：

①保护地管理机构与县级人民政府文化行政部门成立梅里雪山保护地民族民间文艺保护委员会。该委员会负责组织和管理梅里雪山保护地民族民间传统文化的保护工作，重点是加强民族民间传统文化研究与管理人才的培养，鼓励社会组织和个人从事民族民间传统文化保护工作，促进国内外民族民间传统文化的交流与合作。

②由该委员会对梅里地区婚礼庆典仪式进行普查、搜集、整理和研究

工作，建立该文化保护对象的文化保护档案。在真实记录的基础上进行整理、研究、出版，或以博物馆等方式予以展示、保存。通过建立梅里雪山保护地传统婚礼庆典仪式保护村的形式，带动村民组织具有特殊价值和浓郁特色的传统婚礼庆典仪式，以此进行动态的持续性保护。

③通过对传承人（代表）和传承单位的资助扶持和鼓励，建立梅里地区传统婚礼庆典仪式传承机制。对优秀的民族民间传统文化进行宣传、弘扬和振兴。

④以梅里地区传统婚礼庆典仪式的优秀的民族民间传统文化应纳入当地中小学素质教育（校本课程）。

⑤梅里雪山保护地和德钦县应当建立电子信息库或网站，及时发布民族民间传统文化保护、展演、展示等信息。

⑥处理好传统文化保护和文化产业化的关系，避免传统民间文艺的过度商业化，重视民间文艺生长与发展土壤的培植。在举行传统婚礼庆典仪式时，可按照各村的传统进行。可在梅里雪山保护地民族民间文艺保护委员会的指导下，建立传统婚礼庆典仪式的公司性组织，为外来游客举行当地传统婚礼庆典仪式，按协议收取费用。同时，由保护地文化管理部门对这一产业组织进行建档和宣传。

参考文献

德钦县人民政府，1997. 德钦县志[M]. 昆明：云南民族出版社.

方震东，等，1997. 绒赞卡瓦格博[M]. 昆明：云南美术出版社.

郭净，2004. 去远方[M]. 南宁：广西人民出版社.

郭净，2012. 雪山之书[M]. 昆明：云南人民出版社.

郭净，2004. 自然圣境的意义[J]. 人与生物圈（6）：35-38.

金振洲，欧晓昆，2000. 干热河谷植被[M]. 昆明：云南科技出版社.

马建忠，庄会富，2010. 传统藏药植物资源多样性及其利用的研究[J]. 云南植物研究，32(1)：67-73.

马建忠，陈洁，2005. 藏族文化与生物多样性保护[M]. 昆明：云南科技出版社.

欧晓昆，等，2006. 梅里雪山植被研究[M]. 北京：科学出版社.

普鲁华，2005. 香格里拉深处[M]. 昆明：云南科技出版社.

裴盛基，龙春林，2008. 民族文化与生物多样性保护[M]. 昆明：云南科技出版社.

裘丽岚，2007. 藏药的国际化战略探析[J]. 特产研究(3)：65-69.

仁钦多吉，祁继先，1999. 雪山圣地卡瓦格博[M]. 昆明：云南民族出版社.

斯那都吉，扎西顿珠，2007. 卡瓦格博秘笈[M]. 昆明：云南民族出版社.

Anderson D, Salick J, Moseley R, OU X, 2005. Conserving the Sacred Medicine Mountains：A Vegetation Analysis of Tibetan Sacred Sites in Northwest Yunnan [J]. Biodiversity and Conservation, 14：3065-3091.

Dudley N, Jonas H, Nelson F, et al, 2018. The essential role of other effective area-based conservation measures in achieving big bold conservation targets [J]. Global Ecology and Conservation, 15, e00424.

IUCN, 2019. Guidelines for recognising and reporting other effective area-based conservation measures[R]. Gland, Switzerland: IUCN.

Muller S, 2003. Towards decolonisation of Australia's protected area management: the Nantawarrina indigenous protected area experience [J]. Australian Geographical Studies, 41, 29-43.

Kothari A, Corrigan C, Jonas H, et al, 2012. Recognising and supporting territories and areas conserved by indigenous peoples and local communities: global overview and national case studies//Secretariat of the Convention on Biological Diversity, ICCA Consortium. Technical Series no. 64. Montreal, Canada: Kalpavriksh, and Natural Justice.

Stevens S, 1997. Conservation through cultural survival: indigenous peoples and protected areas[M]. Washington DC: Island Press.

United Nations, 2014. The millennium development goals report 2014[M]. New York: United Nations.

Verschuuren B, Wild R, McNeely J, et al, 2010. Sacred Natural Sites: Conserving Nature and Culture. London[M]. Washington, DC: Earthscan.

Verschuuren B, Brown S, 2019. Cultural and spiritual significance of nature in protected areas: governance, management and policy[M]. Abingdon & New York: Routledge.

Wild R, McLeod C, 2008. Sacred natural sites: guidelines for protected area managers[M]. Gland, Switzerland: IUCN.